U0061808

圖解
非奮鬥減肥十大法則

田珂 著

非凡出版

田珂老師減肥班學員推薦

很高興能看到阿珂老師的這本書，她的「不節食、不運動，也能輕鬆瘦身」的概念太吸引人了。實踐是檢驗真理的唯一標準，我親自實測有效！用阿珂老師的方法，我這個愛吃懶動的人成功減掉40磅！

選擇大於努力，掌握了正確的方法才能事半功倍；而在錯誤的道路上，越努力只會離目標越來越遠。這是一本「快樂減肥」的務實手冊，而且書中插圖真的很可愛，圖像會讓人記憶更加深刻呢。閱讀這本書吧，並按照書中所說的去實踐，你就會瘦！

學員 許馨予

二〇一八年的夏天，我結識了美麗的阿珂老師。自從跟隨阿珂老師學習專業系統的營養學知識，我在享受美味食物的同時，還獲得了健康的好身材，越來越有自信了！不管你是想減肥，還是只想改善健康，書裏介紹的簡單又易長期堅持的方法，都能助你輕鬆達成目標。讀阿珂老師的書，就像挖到一個巨大的寶藏，你能收穫健康、苗條、自信、美麗、快樂……趕快和我一起來「尋寶」吧！

學員 彭馨萱

二〇一八年 10 月認識阿珂老師，恰逢我舉行婚禮前，160 磅的我在阿珂老師的指導下，通過調整飲食，一個月就瘦了 10 磅，鎖骨和腰身都重見天日！我目前的體重是 130 磅，纖體的夢想居然觸手可及！跟着阿珂老師減肥，我擁有了一個健康的身體，並學到了腸道健康、美容抗衰等很多營養學小知識，我從未如此篤定我會一直漂亮健康地度過一生。

終於等到阿珂老師出書了！這本書是她多年總結的健康減肥務實指南，一個知識一篇文章，一篇文章一幅插畫，輕鬆、有趣、有料，是我讀這本書最大的感受。如果你愛生活、愛健康、愛美食、愛漂亮，建議你讀讀這本書，並實踐裏面的方法，真的太好了！

學員 劉效岑

目錄

法則

3 食肉「瘦」的超幸福減肥法

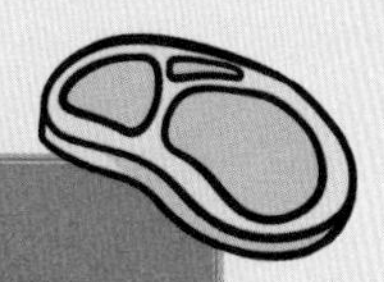

法則

4 吃對讓你變瘦的膳食脂肪

法則

5 水果、蔬菜生來不平等

法則

6 喝飲料、吃零食也不會胖的秘訣

法則

7 減肥成功的秘訣在於腸道環境

法則

8 你的心情決定你的減肥速度

法則

9 躺住瘦，睡出好身材

法則

10 用科學知識打破減肥停滯期

前言

你好，漂亮的女孩！

很高興能通過這本書遇到你。在你開始這段輕鬆而有意思的減肥旅程之前，我想告訴你，我為甚麼要寫這本書，以及這本書會帶給你怎樣的改變！

減肥，一直以來都是女性的終身事業。

很多人覺得減肥是一件特別痛苦的事情，要控制飲食，還要堅持運動……事實上，我正是想通過這本書來明確地告訴你，減肥不需要奮鬥，因為它真的一點都不難！大部分人都認為減肥的關鍵是「少吃多動」，但是極端地限制飲食和努力地運動，並沒有讓大多數人成功擺脱肥胖。而這恰恰是因為許多現代人缺乏科學的減肥知識，對減肥的認識還停留在「少吃多動」的概念上，認為肉吃多了會發胖！運動太少會發胖！熱量攝入沒控制好會發胖！一旦無法堅持，就很容易出現越減越肥的情況，從而進入自我放棄又懊悔不已的惡性循環中。

其實，很少有人真正了解到底是甚麼讓人發胖的，而本書將會給你想要的答案。正確的減肥，不該讓你對食物感到壓力！不節食、不運動，一樣可以輕鬆吃瘦！

人的身體很神奇，當你去真正地了解它、尊重它，你就會發現，只要用對了方法，不需要努力奮鬥，也可以輕鬆擁有健康的好身材。實際上，柏拉圖 80/20 法則同樣適用於減肥這件事。找對、找準最關鍵的 20% 的正確知識，就能輕鬆獲得 80% 的成效！減肥這件事真的可以很輕鬆！

這本書能讓你了解減肥背後的原理，不被周圍的偏見和誤解所誤導。變美是一件快樂的事情，不是只有「痛苦」地堅持才能獲得。學習這些知識是我人生中很重要的經歷，我希望我學習到的知識，能通過本書中化繁為簡的營養學小知識和生動的插畫傳遞給你，讓你可以快樂地變成一個美麗自信的女孩！

當然，這本書不僅會告訴你飲食對減肥的關鍵作用，還會教你用健康、營養、美味的食物在生活中輕鬆、高效地做到「四兩撥千斤」，真正實現毋須奮鬥，「躺着就能瘦」的目標。

回想一下，你有沒有在工作中遇見過這兩種人：一種人每天拼命加班，非常努力，但業績就是不見增長；而另一種人找到了工作的方法和技巧，並不需要怎麼加班，就可以獲得更好的業績。換作減肥來説，每天都將努力減肥掛在嘴邊的人，大多不是「得把口」，只是很努力減卻沒有效果，這和剛剛提到的不問效率只埋頭工作的那類人是不是很像？因此，從某種程度來説，重要的不是更加努力，而是用對方法。

因此，我希望你可以「享受」這本有意思的書，並且能實踐這本書中的內容，真正去了解你的身體，了解減肥的原理和正確的方法，並且更有效率地去踐行。當你拿到這本書時，不要當它是任務，被它控制，你是這本書的主人，它為你服務。

讓我們一起開啟幸福的非奮鬥減肥之旅吧！

田珂

milk

法則
1
減肥的真相

計算熱量其實可靠嗎

1 為甚麼少吃多動卻瘦不下來？

減過肥的人都知道熱量平衡理論，認為少吃多動才是減肥的王道。每天拿着瘦身 App 計算熱量，堅信只要能減少 500 卡，一周後就能瘦一公斤！這聽起來好像很有道理，但真正成功的人少之又少。據統計，用計算熱量的方法減肥，95.4% 是失敗的，究竟為甚麼呢？

人體是一個複雜且精密的機體，新陳代謝也並非是一道簡單的 3-2=1 的數學題。不同食物的攝入，對身體所產生的影響是不一樣的。它們通過不同的方式影響着身體的激素水平，而這就關乎你的食欲和燃脂激素的正常分泌。

計算熱量會讓很多人進入拼命節食的誤區之中，長期過低的熱量攝入，會直接造成基礎代謝損傷。而基礎代謝率，就是單位時間內人躺着不動也會消耗的熱量。提高基礎代謝率對減肥而言至關重要。基礎代謝率下降，就意味着哪怕你和從前吃的一樣多，也會更容易發胖，這就是有些人會越減越肥的原因。所以，像節食這種限制熱量攝入的減肥方式，也許短時間是有效果的，但這種效果很難長期維持，因為你不可能一世都不吃飽。

長期限制熱量攝入還會使大腦感到更餓，導致食欲大增。這是因為節食使身體的瘦素水平下降，瘦素是調節飢餓感的激素，瘦素水平下降會使你常常處於飢餓狀態，更加渴望食物。相信很多減肥的人都體會過無法忍受美食的誘惑，從而進入「暴食→節食→暴食→節食」的惡性循環，嚴重的甚至會導致身體食欲調節系統徹底紊亂，引發報復性的暴飲暴食或者厭食症。

而且，限制熱量攝入還會抑制非運動性活動產熱（NEAT），也就是說，沒有攝取足夠的熱量，人會變得更懶，從而本能地減少消耗量，因為身體會想盡一切辦法來保留住你的能量！所以節食減肥的人常常會感到無力，不想活動。

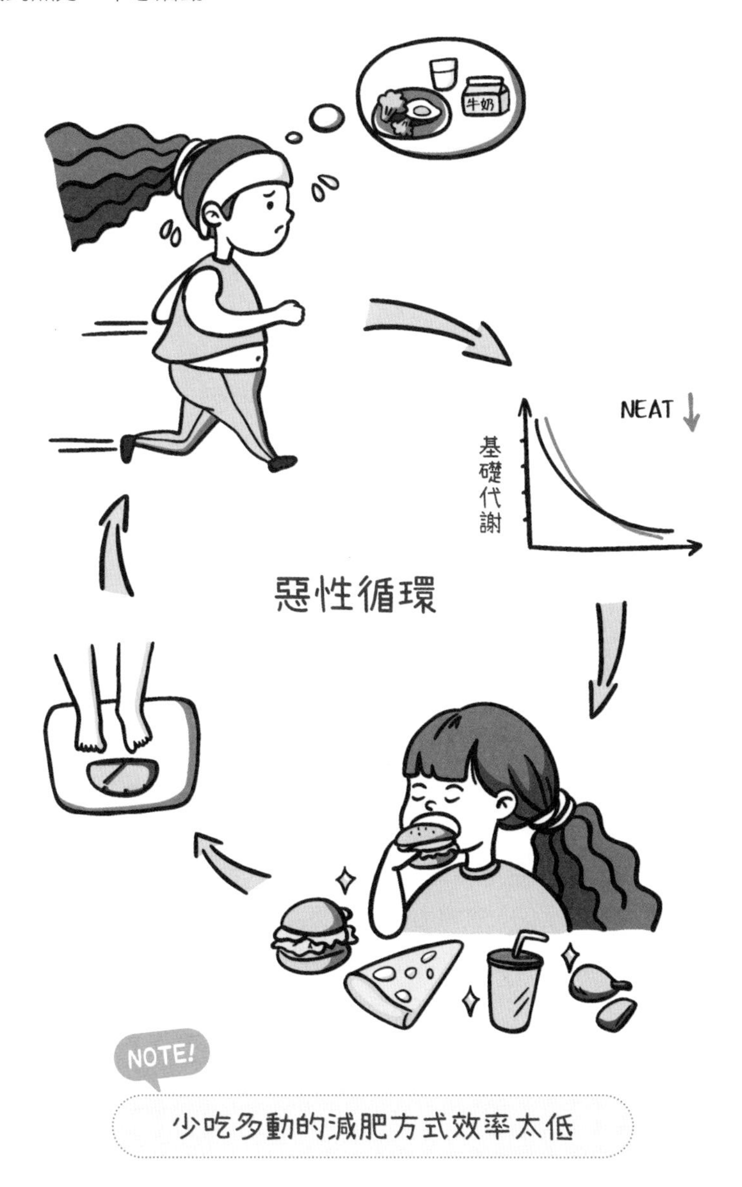

❷ 你無法準確計算攝入的熱量

首先，通常你在 App、網站、書籍等媒介中查詢到的某種食物的熱量數據，只是這種食物在實驗室中測量出的平均值，無法準確代表食物的熱量，就好比生活中沒有任何兩隻土匪雞翼的肥瘦是相等的，自然熱量也不會相同。

除了新鮮食材，你常常看到的食品標籤上的標記誤差也非常大。美國食品藥品監督管理局（FDA）允許食品標籤上標注的熱量有 20% 的誤差。也就是説，一袋標有 200 卡熱量的薯片可能只有 160 卡熱量，也可能會有 240 卡熱量。同樣的食物，熱量的差距很可能超過 100 卡。

其次，加工方式對熱量的實際吸收率也有着不可忽視的影響。氣炸、煎煮、蒸焗等烹飪方式對食物的熱量都有影響，比如一塊生南瓜熱量是 23 卡，而煎南瓜的熱量則提升到 103 卡。而且，熟食比生食可吸收的熱量更高，比如你吃八成熟的牛排，就比吃三成熟的牛排吸收的熱量高。

再次，個體吸收率差異也很大。熱量的吸收通常是由實驗室儀器測量出來的，但人不是機器，每個人的消化能力、吸收能力、代謝能力和腸道菌群等都不一樣，這些都會影響人體真正的熱量吸收。比如，腸道當中「肥胖菌」厚壁菌多的人比正常人平均每天多吸收 150 卡熱量。

最後，在計算熱量這件事上，幾乎所有人都會下意識地低估自己的熱量攝入，也就是説，實際上攝入的熱量要遠比自己計算出來的熱量多。哪怕是專業的營養師，也會在計算熱量時平均低估 30% 呢。

NOTE!

熱量的計算誤差較大

❸ 你無法準確計算消耗的熱量

首先，如同在網站等渠道查詢到的食物熱量不準確一樣，你在平時運動所用的 App、跑步機、Apple Watch 等設備上看到的熱量消耗值，也是根據實驗室或數據統計出來的平均數值，誤差可達 20%～80%，與個體實際消耗並不一致。

其次，你用公式計算人體基礎代謝率的數值也並非準確。人的個體差異很大，體脂比、器官尺寸、基礎體溫和遺傳差異等都會影響每個人的基礎代謝率。哪怕是同一個人的基礎代謝率，也並非是一個恒定值，它會受激素分泌、情緒、壓力水平，以及生活作息的影響而發生變化。比如，女性在生理期時，身體激素的變化會大幅影響基礎代謝率，熱量波動達 100 卡都屬於正常情況；熬夜 OT 也會對基礎代謝率產生直接影響，熬一晚通宵所帶來的後果就包括第二天熱量減少消耗 5%～20%。

再次，你在平時計算一天消耗了多少熱量時，常常會忽略食物熱效應。簡單地說，人為了咀嚼、消化食物，並將食物分解、吸收需要額外消耗熱量。這種現象就是食物熱效應。蛋白質類食物熱效應是最高的，為 20%～35%；碳水化合物類食物熱效應次之，為 5%～15%；油脂類食物熱效應為 3%～5%。

而且，熱量的消耗還會受環境的影響。人在冬季的平均代謝水平會高於在溫暖的季節；人在高海拔地區的熱量消耗也多於在平地地區，因為高海拔地區普遍氣溫較低，人體需要更多的熱量來供熱。

遺傳基因的差異也會影響熱量的消耗，這是無法精準計算每個人消耗多少熱量的主要原因。所以，計算熱量的減肥方式基本都會以失敗、反彈告終，它並不是一個長期有效的減肥方式。食物的熱量只能作為一

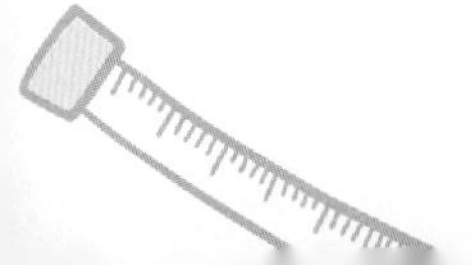

個粗略的參考，因為人體遠比你想像的複雜，熱量消耗不是只用簡單的公式就能計算出來的。

人吃東西，不是只攝入了熱量，還攝入了對身體更重要的營養物質，所以你應該關注的不是熱量的數值，而是熱量的來源，即食物的質量。試想一下，吃 1000 卡熱量的糖果和 1000 卡熱量的蔬菜，哪個更健康，更有益於減肥？答案大家肯定都知道。所以，只關注熱量進出，不考慮食物種類、分解速度、能量利用方式、營養成分，以及對人體激素、新陳代謝的影響的減肥，是低效率的減肥方式。

少食多餐，小心讓你越來越胖

1 少食多餐只會讓你更加飢餓

說到減肥方法，大部分人嘗試最多的除了運動、節食，就是少食多餐了。少食多餐，顧名思義，就是將食物分成多份，在不同的時間少量、多次進食。很多人認為，這樣時不時地能吃些食物，不僅不會餓肚子，還可以過下口癮，說不定能吃得更少。事實上，這樣的少食多餐方式，不僅無法讓你減肥，還會使你的食欲大增！

除了前面說的瘦素，掌管人食欲的還有兩大激素，一個是飢餓素，負責刺激你進食，飢餓素水平越高，你就會越餓；另一個是酪酪肽，即負責飽腹感的食欲抑制激素，酪酪肽水平越高，你就會越飽足，不想吃東西。減肥最怕的就是餓，大家也常會把減肥失敗歸結於意志力不夠，事實上，這不是簡單的意志力所能決定的事情，餓是由身體激素產生的正常生理反應。

當你的胃裏沒有食物時，身體就會釋放飢餓素，它會向你的大腦發出飢餓信號，讓你產生飢餓感，直到你開始進食。而只有在你吃飽的情況下，飢餓素水平才會下降並持續 1～3 小時。所以，少食多餐使你一直處於吃不飽的狀態，飢餓素水平無法完全下降，酪酪肽水平也無法升高，你會一直感到飢餓、嘴饞。愛吃西餐的人都知道，正餐之前會有一道開胃菜，之所以叫開胃菜，就是讓你先吃一點點，刺激你的食欲，然後你會想吃得更多。

在飢餓素釋放後，身體還會減少體內脂肪細胞的燃燒。也就是說，在飢餓的狀態下，身體更傾向於保存脂肪。對於減肥來說，少食多餐不僅不能降低飢餓感、解決嘴饞的問題，反而會讓你更加容易存儲脂肪。

1～3小時後……

NOTE!

少食多餐會刺激食欲

❷ 少食多餐真的不能減肥

很多人認為少食多餐可以增加食物熱效應，食物分成多頓來吃，會消耗更多的熱量。但事實上，把食物分開進食，增加進食的次數，但食物的總量不變，並不會帶來更多的消耗，就像你將一包麥記薯條分開來吃，消耗的熱量並不會增加一樣。許多研究都顯示，少食多餐並不能加速代謝。

反而，少食多餐還會讓你吃得更多。很多人在嘗試少食多餐時，就如同前面講到的，往往會低估食物的熱量，無形之中比正常三餐攝入更多的食物。

二〇一〇年在科羅拉多大學進行過一項隨機交叉實驗，實驗對比了一日三餐和少食多餐對身體的影響。在實驗期間，提供給受試者的所有膳食，分別安排一日三餐和一日六餐兩種飲食方式。在實驗過程中，保證所有受試者一天的總熱量攝入不變，區別僅在於平分為三餐進食和六餐進食。最後研究結果表明，在同等熱量攝入下，一日三餐比一日六餐能更好地控制飲食、降低食欲。少食多餐導致進食欲望強烈，增加飢餓感，更容易吃多。

對於一吃就失控人來說，更加不適合用少食多餐的方式，不僅不利於減肥，還會使人更快發胖。

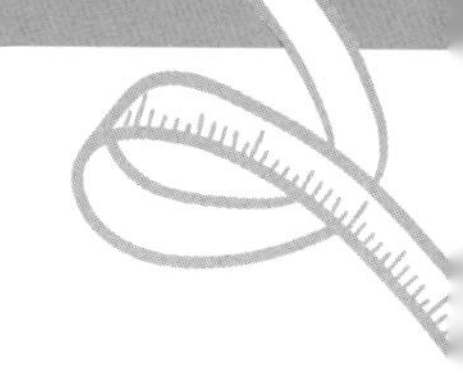

一日三餐比一日六餐更好控制食欲

NOTE!

對於食欲旺盛的人，更不適合少食多餐的方式

❸ 少食多餐影響你的身體健康

經常少食多餐的人，通常會患上胃部疾病，比如胃酸倒流、火燒心、脹氣、疼痛等。因為少食多餐會破壞胃和小腸的一種「清理」活動——胃腸移行性複合運動，簡稱 MMC。

MMC 可以説是人體胃腸中最勤勞的「清潔姐姐」。大約每過 90 分鐘，胃和腸道就會進行規律性的高振幅運動，每次持續 3～5 分鐘，以保證胃和小腸能盡快把全部食物排空到大腸中。與此同時，MMC 還會在過程中促使分泌更多的消化液來幫助「清掃」胃和小腸中的細菌。它不僅能預防小腸中的細菌過度滋生，而且能防止大腸中的細菌「回流」小腸。這對於我們保持健康狀態至關重要。

但 MMC 只有在空腹時才會進行。一旦進食，MMC 立刻停止。少食多餐會打亂人體這一正常的節律，從而使胃腸沒有辦法進行正常的「清掃」。而這直接導致的後果就是食物殘渣在小腸中停留過久，開始腐敗，細菌過度增長；同時，消化腔內會產生大量的氣體，引起腹脹、腹痛、胃痛，大量的氣體還會造成小腸內氣壓過大，迫使胃酸反流進入食道，引起反酸、燒心等消化系統疾病。

不僅如此，少食多餐還會影響細胞自噬機制。細胞自噬機制控制着人體的很多生理功能，比如，在人飢餓或者有其他應激反應時，細胞自噬機制能為人體快速提供能量；身體感染後，細胞自噬機制能消滅病毒和細菌，消除細胞內老化、破損、變性的細胞器或蛋白質，對人體抗衰老有非常重要的意義。

同樣，一旦我們開始進食，哪怕只是攝入少量的食物，自噬就會停止。當少食多餐影響到身體自我修復、更新的工作時，也就影響到了我們的健康。

還有一點，少食多餐並不像平時三餐的正常飲食，它往往會增加零食的攝入，而大部分零食是加工食品，含有更多的糖和添加劑，對健康有害無益。

所以，少食多餐不僅不能幫助減肥，還會使人增加食欲，讓人越吃越多，損害身體健康，得不償失。不管是為了減肥還是為了健康，都建議大家不要嘗試少食多餐的飲食方式！

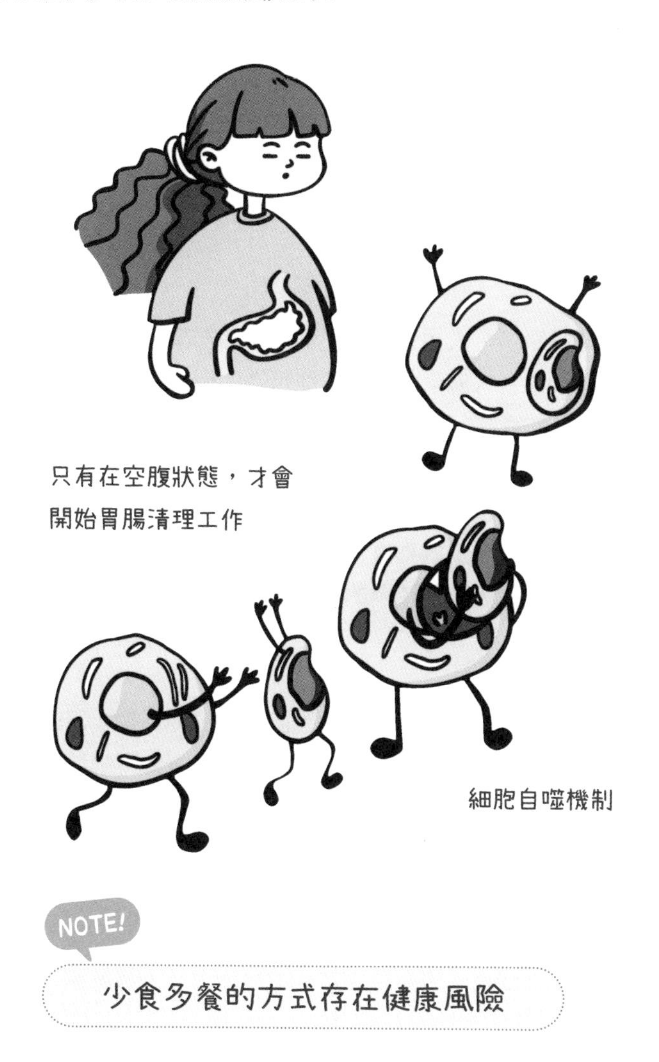

食欲不是你想控制就能控制得住的

1 越運動越有食欲嗎

想要減肥成功的人，都希望盡可能在短時間內看到效果，這促使很多人為了追求成績，增加運動量和運動強度。

但是，隨着運動強度的增加，熱量消耗增加，身體會給我們反饋，讓我們對食物的欲望也開始增加。最終導致運動後，食欲大增，吃得更多。一塊薄餅、一杯珍珠奶茶或者雪糕的熱量就可以抵消掉在跑步機上跑一個小時的熱量消耗。

除了吃得更多，人也會變得更懶，哪怕一樓、二樓也想搭軳而不想走樓梯，回到家就想躺下休息。這些行為的變化被稱為代償行為。人的身體很聰明，它會進行自我保護。在運動後，身體會調整自己的能量管理方式，讓人無意識地調整行為，補償運動所消耗的熱量。

不同的運動對食欲的影響也是不一樣的，長時間的有氧運動最容易讓食欲大增。這是因為長時間的有氧運動後，飢餓素會分泌得更多，讓飢餓感更強。

相反，短時間的高強度間歇性運動對食欲的影響，明顯低於有氧運動。所以，高強度間歇性運動後比長時間跑步後獲得的飢餓感更弱。這也就能解釋很多人剛開始減肥，就瘋狂地跑步，但最後發現，不僅沒瘦下來，反而還長了幾磅的原因。

如果你更喜歡有氧運動，建議在減肥期間做低強度的有氧運動，如快走、散步或做瑜伽、普拉提等都是很好的選擇，儘量避免長時間地跑

步。因為相較於跑步來說，低強度的有氧運動對食欲基本沒有影響。同時，適量的低強度有氧運動也有助於緩解壓力，是適應性非常好的運動方式。與其給自己極大的壓力導致運動堅持不下去，不如選擇適合自己的運動才是正確的開始。

NOTE!

運動後的代償行為會讓人吃得更多，變得更懶

❷ 這些因素也在影響着你的食欲

總是食欲旺盛、想吃東西？並不是你的意志力不夠，而是身體正常的生理反應。影響食欲的因素有很多，而這些因素又常常被我們忽視。

I. 睡眠不足

充足的睡眠對身體健康至關重要，同時它也是控制食欲的重要因素。睡眠不足會導致飢餓素水平上升，以及控制食欲的瘦素水平下降。有研究發現，一晚上睡眠不足，第二天會明顯感到飢餓，飯量也平均增加 14%。睡一個好覺是控制食欲的第一步。

II. 飲食缺少肉類

很多減肥的人不敢吃肉，但是不吃肉會缺乏蛋白質。補充足夠的蛋白質，對控制食欲十分必要。如果蛋白質攝取不足，你會頻繁感到飢餓，也就增加了吃零食的機會，更加不利於減肥。攝入充足的蛋白質，能讓飽腹感更持久，對食物的需求感也會降低。

III. 壓力太大

很多人都體會過，壓力大的時候容易吃得更多，這主要是因為情緒壓力對身體的壓力激素——皮質醇的影響。皮質醇是一種促使飢餓、增強對食物渴望的激素。很多減肥的人會逼迫自己大量運動，無形之中促進釋放壓力激素，進一步刺激食欲，吃得更多，最終導致減肥失敗。避免壓力，學會調節心情，對於控制食欲極其重要。

IV. 喝水不夠

多喝水是維持身體健康狀態的基礎。水分不足，除了引起健康問題，還會讓你在口渴的時候誤以為是餓了，這就是所謂的「缺水性飢餓」。飯前半小時喝杯水，也能很好地控制食欲。

V. 藥物刺激

有些藥物也可能會增加食欲，例如抗抑鬱類藥物、類固醇類藥物、治療糖尿病的胰島素和避孕藥等都具有刺激食欲的特徵。

NOTE!

要記得影響食欲這五大因素

❸ 降低食欲的 4 個方法

我為大家總結了降低食欲的 4 個方法。

I. 飯前喝湯

二〇〇七年發表在美國《食欲》雜誌上的一篇文章稱，與飯前不喝湯的人相比，飯前喝湯的人食物攝入量整體降低了 20%。在飯前先喝一碗湯，可以幫助你更好地控制食欲，避免大吃大喝。但對於長期有胃病或胃酸不足的人，請儘量避免飯前喝湯，因為湯會沖淡胃酸，影響消化。

II. 放慢吃飯的速度

一般來講，吃飯速度快的人食欲會比較旺盛。身體傳達給大腦吃飽了的信號需要一定的時間，大約在吃飽 20 分鐘後，大腦才能收到飽腹感信號，進而停止進食。細嚼慢嚥能給身體和大腦更多的時間，去傳遞和接收飽腹感信號。如果吃飯速度過快，當接收到吃飽了的信號時，其實你已經吃撐了。

III. 飲杯咖啡

咖啡當中的咖啡因是一種天然降低食欲的物質。研究發現，咖啡因可以降低飢餓素水平，從而幫助你更好地控制食欲。同時，咖啡因還可以提高新陳代謝。但是，這裏所說的「飲杯咖啡」指的是喝純黑咖啡，不是加了糖和奶精的咖啡，也不是充滿添加劑的速溶咖啡。

IV. 換餐具的顏色

顏色會影響到人的情緒和食欲。當人處在橙黃色的環境中時，身體會分泌一種叫 5- 羥色胺的激素，它可以激發幸福感，讓人感到快樂，同時也會刺激食欲，讓人想吃更多的東西。所以很多餐廳喜歡用暖色調的燈光，來刺激消費者的食欲。而藍色，通常被用於抑制食欲。所以，你可以通過將家裏的盤子、碗筷、餐墊等換成藍色或深藍色，來穩定自己想要暴食的情緒。

NOTE!

控制食欲要用科學的方法

四 只靠運動不能變瘦

1 運動瘦身，效率太低

多運動可以減肥，是我們在生活中最常聽到的一種説法。很多人認為自己無法拒絕喜歡的食物，那就靠運動來減肥吧！特別是在説到健身的時候，很多人下意識地把 Gym room 當作減肥的「聖地」。但事實上，單純依靠運動來減肥，效率太低了。

前面我們説到，運動的代償行為會使你在運動後吃得更多、變得更懶。並且，你計算出的熱量消耗往往只是靠數據統計出來的平均值，與實際消耗存在較大的誤差。這些因素都影響着減肥效率。

甚至有些人會在大量運動的同時限制飲食來加速減肥。本書在一開始就講到了，人體很複雜，減肥成功與否不是簡單的熱量加減能決定的。長期的過度運動再加熱量攝入不足，會導致基礎代謝率下降、營養缺乏，不僅無法生成新的肌肉，還會損失肌肉，而肌肉又是提高人體代謝必不可少的好幫手。長此以往，形成惡性循環，運動一旦堅持不下去，體重便會反彈，甚至比以前還胖。

同時，運動不止消耗熱量，伴隨運動的大量流汗還會造成人體必需維生素和礦物質的流失。如果運動後再限制飲食，這些營養素得不到及時的補充，也一樣會影響減肥效果。

對於為了減肥而運動的人來説，多數並非是真正喜歡運動。為了減肥，他們不得不打破平時的生活節奏，強行擠出大量時間來運動，所以很難堅持，這也是為甚麼運動減肥對於大多數減肥者來説是無法持久的減肥方式的原因。

運動本身對健康的意義非常大，如果想要獲得健康，運動是非常重要的方式之一；但是對於減肥來說，運動並不是最有效率的減肥方式。人之所以會發胖，主要原因不是運動量不足，而是飲食的錯誤。所以，不要為了減肥而運動，請為了健康而運動！

NOTE!

不要為了減肥而運動，請為了健康而運動

❷ 運動消耗的能量有限

運動帶來的能量消耗並不佔我們日常能量消耗的大部分，恰恰相反，運動所消耗的能量僅佔人一天總能量消耗的一小部分。但這個事實往往被大家忽視。

人類獲取能量基本靠進食，而消耗能量則沒那麼簡單。消耗能量主要分為三個部分：基礎代謝、消化食物及日常活動。身體中最大的能量消耗部分來自基礎代謝，佔總能量消耗的 60%～80%；消化食物的能量消耗佔 10%；日常活動所消耗的能量，才佔總能量消耗的 10%～30%。而運動消耗是日常活動消耗中的一部分，更是只佔總能量消耗的一小部分。

也就是說，即使你又累又辛苦地運動半天，實際上增加的消耗，可能遠遠低於你的想像。

不僅如此，隨着運動量的增加，身體能量利用率也會變高，這就意味着，身體會更加聰明地幫我們節約能量。舉個例子，你在健身房裏鍛煉肌肉，慢慢地你會感覺越來越輕鬆，所以教練也會讓你逐漸加大負重。這是因為身體熟悉了你的運動量，會自動降低能量消耗。

而且，代償行為不止發生在吃得更多上，過量的運動也會使人變得更懶，從而降低日常活動的消耗。也就是說，雖然運動提升了能量的消耗，但是代償行為減少了你爬樓梯、做家務、走路等其他日常活動的消耗。總的能量消耗還是會趨於平穩。

所以，一味地延長運動時間、加大運動量，並不能幫助你增加多少額外的能量消耗，身體會試圖通過各種方式來控制能量消耗水平。

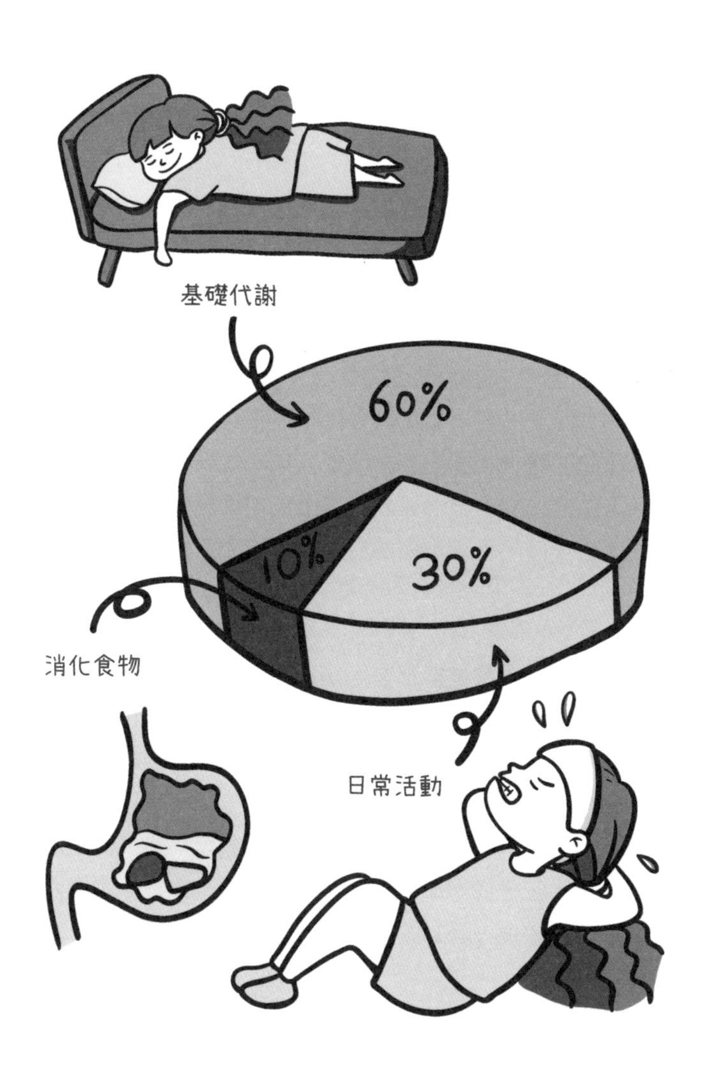

NOTE!

身體最大的耗能來自基礎代謝

❸ 比每天走一萬步更簡單有效的方式

說到運動減肥，普通人做得最多的就是有氧運動，例如慢跑。有氧運動，顧名思義，是利用氧氣消耗體內能量的低強度、長耗時的運動。

相較於有氧運動，無氧的高強度間歇性運動能夠更好地協助減肥，因為它可以最大限度地消耗身體中儲存的糖原，且用時少，還沒有場地的限制，在家就可以進行，如 HIIT、Tabata。

那麼運動到底能否減肥呢？答案是肯定的，但運動一定不是效率最高的減肥方式。一方面，對於大多數忙於工作的現代人來說，長期堅持運動實際上是一種很大的壓力，很多人無法做到；另一方面，對於減肥，大多數人都希望在保證健康的基礎上能快速見到效果，但運動減肥的速度較慢，多半達不到減肥者的預期。所以，運動並不是減肥的最佳選擇。

不過運動對身體的好處卻很多。選擇讓自己舒服的運動方式，不刻意計算能量消耗，慢慢愛上運動，在改善身體健康的同時，是可以達到輔助減肥的目的。

前面我們說過，人發胖的主要原因不是運動量不足，而是飲食的錯誤。俗話說得好，三分練七分吃。想減肥，吃才是關鍵！飲食永遠是減肥的主角。不改善飲食，運動做得再好，體內的脂肪一樣不會減少。

如果把飲食看作一種減肥工具，那在完成減肥這個任務上，它無疑是所有工具中最強大的。對於減肥者來說，沒有比飲食調整更安全健康的減肥方式了。所以想成功減肥，一定要先了解飲食與營養學的相關知識。在後面的法則中，我會給大家逐一介紹輕鬆吃瘦的飲食技巧。

NOTE!

成功瘦身的關鍵在於飲食

市面上騙人的減肥法

1 KOL 推薦的代餐產品和減肥藥真的有效？

在網絡上隨便搜尋，各種各樣的代餐產品琳琅滿目。代餐餅乾、代餐奶昔、代餐粉、代餐食品套盒……這類產品的價格從幾十元到成百上千元不等，宣傳的賣點也常是「低能量、高飽腹」。但是，這些代餐產品真的能幫助減肥嗎？

市面上常見的代餐產品普遍熱量都非常低，甚至遠低於人體每日的熱量攝入下限。長時間熱量攝入不足，人當然會瘦，即使不吃代餐，每天只吃一個蘋果，攝入熱量也很低，人也會瘦下來。

而且，長時間的熱量虧空，造成的最大問題就是身體功能不足、營養不良，身體會分解蛋白質，拉低基礎代謝率。一旦恢復飲食，體重立刻反彈，甚至讓人變得比以前還胖。這樣的減肥沒有意義，反而會起反作用。

這些代餐產品雖然宣傳營養均衡，但實際上營養配比嚴重失衡，它們忽略了許多人體必需的礦物質、維生素等，代餐中的營養是無法和真正的食物中的營養相比的。有些肥胖的人可以靠吃十幾天的代餐瘦下來，但他們能一輩子堅持這樣的飲食嗎？長期吃代餐，除了帶來體重反彈的問題，還嚴重影響健康，得不償失。

減肥藥更是如此。從科學實驗研究來看，就算吃減肥藥的同時配合運動和飲食控制，獲得的減肥效果也十分有限，還會伴有一大堆副作用。為了讓效果更加明顯，商家通常會在減肥藥裏添加或多或少的刺激性瀉藥來導瀉利尿，對人體腸道的傷害巨大。這樣減掉的體重並非來自

脂肪的減少，而是來自拉肚子導致的體內水分的流失，一吃東西，再喝點水，體重很快就會回來。

阻斷脂肪吸收、控制食欲的減肥藥往往也存在極大的安全隱患，服用這樣的減肥藥導致肝功能障礙、腎臟損失的大有人在。減肥藥也許並不貴，但是想要解決因它引發的健康問題，花的錢很可能是減肥花費的成千上萬倍。

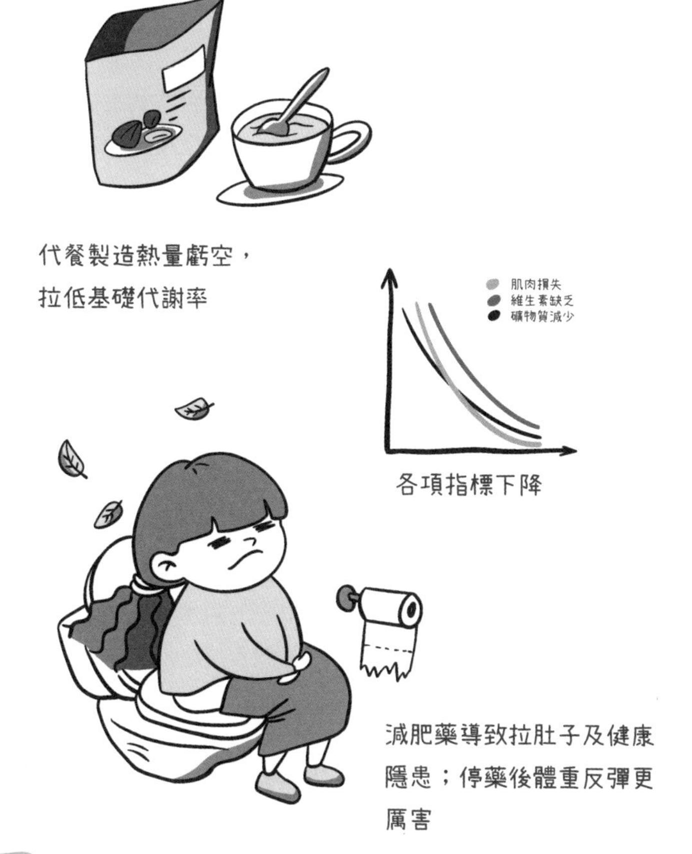

NOTE!

代餐和減肥藥並不能根治肥胖，反而影響健康

❷ 美容院的減肥方法真的有效嗎？

「如果減肥不需要自己努力，只要借助外力就能完成該多輕鬆啊！」這樣想的人經常會被美容院各種減肥 package 的宣傳所打動。

很多人都會對針灸減肥、拔罐減肥的效果深信不疑。在美容院裏讓美容師幫你針灸、拔罐後，好像還真的瘦了。但是回想一下，美容院在針灸、拔罐的基礎上是否也對你提出了飲食上的要求？嘗試過的人都知道，美容院給的食譜不是讓吃得很少，就是讓吃得清淡，不允許吃肉，不能碰油，每餐都吃不飽。暫且不說這樣的飲食方式長期對健康有甚麼影響，試想一下，就算不進行針灸、拔罐，僅僅按照這樣的食譜吃，是不是一樣能減輕體重呢？

快速降低體重的方法有很多，其中脫水就是最快的辦法。有些美容院打着「熱療減肥」的宣傳，實則讓你蒸桑拿，通過大量出汗脫水的方式來減體重。但這樣減掉的體重不是來自脂肪的減少，而是來自水分的流失，如果多喝幾杯水，體重瞬間就回來了。這也是很多美容院的減肥方法會限制你飲水的原因。

在美容院最受女性歡迎的減肥方法就是淋巴按摩。首先，淋巴按摩和針灸、拔罐一樣，都會在減肥期間對你的飲食加以要求；其次，淋巴按摩可以刺激表層和深層的淋巴，對於消除水腫有一定幫助，但並不能幫你燃燒脂肪。想要消除水腫，改善飲食遠比淋巴按摩的作用要大得多，比如減少糖分攝入，補充足夠的蛋白質、B 族維生素和礦物質等。

如果你的飲食方式是錯誤的，去再多次美容院也沒有用。改善飲食永遠都是減肥的必經之路。

美容院的減肥方式，其實就是變相地控制飲食和損失身體水分

NOTE!

美容院的減肥項目並不能真正地幫你燃燒身體脂肪

❸ 僅能維持三個月效果的減肥法都是無效的

易胖的人都會希望在短時間內取得好的減肥效果，而往往忽略保持身材才是衡量減肥成功與否的關鍵因素。追求短期內的快速瘦身，勢必帶來之後的快速反彈。

如果減掉身體多餘的脂肪，但不能保持下去，那根本不叫減肥。減掉脂肪只是減肥的開始，並不是結束。

大多數人看到體重下降就會開心地認為減肥成功了。很少有人去思考，體重下降是因為減掉了脂肪還是因為脫水，又或者是節食帶來的結果。

很多人不考慮這個問題，只是一味地貪快。其實，大多數女性並不知道真正的減肥應該是甚麼樣的，只是盲目地認為不能吃飽，除了減少食量，還要拼命運動，再加上不停地嘗試吃代餐、服用減肥藥和蘋果減肥、香蕉減肥等減肥方法。試想一下，這樣的減肥方式能持續一輩子嗎？一旦堅持不下去，後果又會如何呢？

在這個資訊爆炸的時代，學會篩選資訊非常重要。如果你選擇了正確的減肥知識，避免吃發胖的食物，選擇營養價值高，還能讓你有飽腹感、滿足感的食物，減肥也會更輕鬆，瘦下來的好身材也更容易長久保持。但如果你選擇了錯誤的減肥知識，也許剛開始能看到體重下降，但實際上卻離減肥這個目標越來越遠。

一種不能長期堅持的減肥方法，本身就不是正確的減肥方法。也可以說，減肥最重要的是維持效果，僅能維持三個月效果的減肥法都是無效的。

維持不過三個月的減肥法都是無效的

三個月前……

三個月後……

NOTE!

不能維持效果的減肥並不是真正的減肥

平衡激素才是減肥的關鍵

1 激素與肥胖的關係

在本書的一開始我們就提到了，人之所以會長胖，不是簡單地因為「好食懶郁」，而是由身體的激素決定的。

是感覺飽還是感覺餓，是感覺快樂還是感覺悲傷，又或是有些女性因為壓力大月經不來等等，其實都是激素在「幫」我們做決定。激素決定了我們的食欲、行為、情緒、代謝，也決定了身體是儲存脂肪還是燃燒脂肪。

這也可以解釋，為甚麼有些人生病後吃了大量激素類藥物，就算飲食與平時一樣也會更加容易發胖。

越來越多的科學實驗表明，真正導致肥胖的主要原因是身體的激素不平衡，而不是簡單的熱量增減。所以總是「好食懶郁」，不是因為你大食、你懶，更不是因為你的意志力薄弱，而是一種身體的生物化學反應。所以，沒有必要為此懷疑自己、否定自己，合理地平衡激素才是解決問題的關鍵。

不同激素的水平對肥胖部位也產生着不同的影響。例如，甲狀腺問題會減緩人體新陳代謝的速度，使蛋白質生成受阻，身體更傾向於四肢與軀幹肥胖；而腎上腺主管壓力激素，當它出現問題時，身體會傾向於在腰腹部囤積脂肪，也就是會形成我們常說的蘋果形身材；卵巢主管雌激素分泌，若它有問題，女性更容易在臀部和大腿處堆積脂肪，形成梨形身材。

決定我們儲存或者燃燒脂肪的激素有很多，所以，想要變成一個輕鬆燃脂達人，就要學會平衡好身體的激素水平，而對激素影響最為關鍵的因素就是飲食。改善飲食是長久擁有好身材的必要條件。

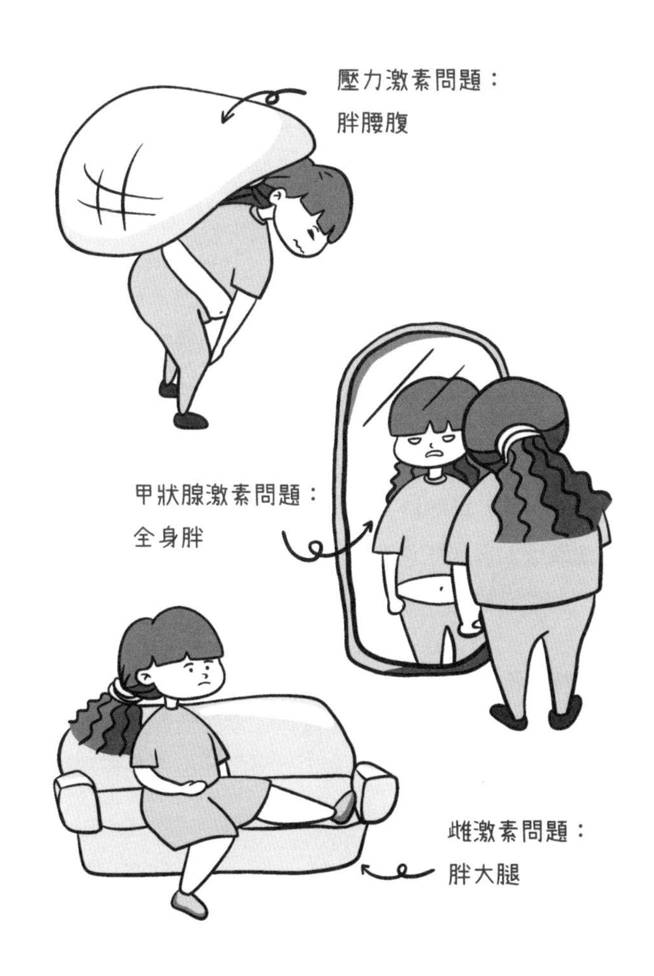

NOTE!

導致肥胖的主要原因是身體激素不平衡

❷「大姨媽」帶來神奇的激素

很多女性都有過這樣的困惑，每個月總有那麼幾天，無論如何控制飲食和鍛煉都沒有用，體重總會莫名地增加幾磅。這其實是身體的激素在作惡。

月經前的一周，身體中的兩大激素：雌激素和黃體酮水平開始劇烈地波動，在這個過程中身體會更容易水腫，可以説，在此期間增加的體重幾乎都來自水分。

月經週期還會導致便秘從而增加體重，這與黃體酮分泌增多導致食物在腸道中滯留有關。不過不用擔心，經前的便秘通常會在月經來潮後消失。

並且，雌激素和黃體酮這兩大激素水平的大幅波動還會引起食欲大增，所以女性在月經期間總是很想吃東西。女性特有的生理週期發生的激素變化會無形地導致體重有 1～5 磅不等的浮動，但這大部分是因為增加了水分，這時只需要靜靜地等待經期結束，一切便會恢復正常。

激素的神奇不止體現在女性的生理週期上，**大多數人出現的嘴饞、情緒化進食也與壓力激素皮質醇有關係。**當生活與工作中存在較大的壓力時，我們會變得更容易暴飲暴食。皮質醇分泌增多還會導致胰島素增加，從而更加容易生成脂肪。

所以，我們的行動、想法，以及控制不住地想吃東西都與激素息息相關。想要科學、健康地瘦下來，學會平衡激素才是關鍵之所在！

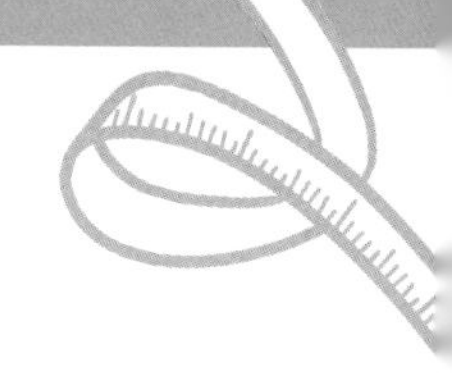

月經期間，雌激素和黃體酮水平波動導致水腫和便秘

NOTE!

月經期間體重變化的原因是激素

法則 2

要想瘦得快，主食是關鍵

肥胖激素——胰島素

❶ 胰島素的作用

胰島素是負責調節血糖水平的激素，也是掌管身體儲存脂肪的肥胖激素。當我們進食糖類食物時，食物中的糖開始被不同的酶分解，最終被小腸吸收後轉化成為葡萄糖，通過血液輸送到全身。

當血液中的葡萄糖升高時，胰腺就開始工作了。胰腺會分泌胰島素，而胰島素的作用就是促進血液中的葡萄糖轉移到細胞中，幫助調節血糖，保證血糖值維持在一定的安全水平。血液中的葡萄糖轉化為糖原後，會優先儲存在肝臟和肌肉當中，但是肝臟和肌肉中儲存糖原的空間十分有限。對於肝糖原來說，正常人也就能儲存 100 克左右；而對於肌糖原來說，如果你平時活動量和運動量都不大，那能夠儲存的量就更少了。

剩餘的大量糖原就會進入脂肪細胞，轉化成為脂肪儲存在人體內，於是肥胖就形成了。這也是胰島素被稱為肥胖激素的原因。所以，你吃下去的糖類食物越多，身體內轉化的脂肪也會越多，「車胎腰」、「啤酒肚」、「大象腿」就不請自來啦。

過高的胰島素水平還會抑制幫助減脂的胰高血糖素和幫助增長肌肉的生長激素的分泌。

同時，較高的胰島素水平還會促進腎臟對鈉的吸收，讓更多的鈉滯留在體內，造成水腫。再加上體內過多的糖原本身就會增加水分的存儲，1 克糖原可以攜帶約 3 克的水，因而進一步增加水腫的可能。水腫會讓身體看起來比實際更胖。

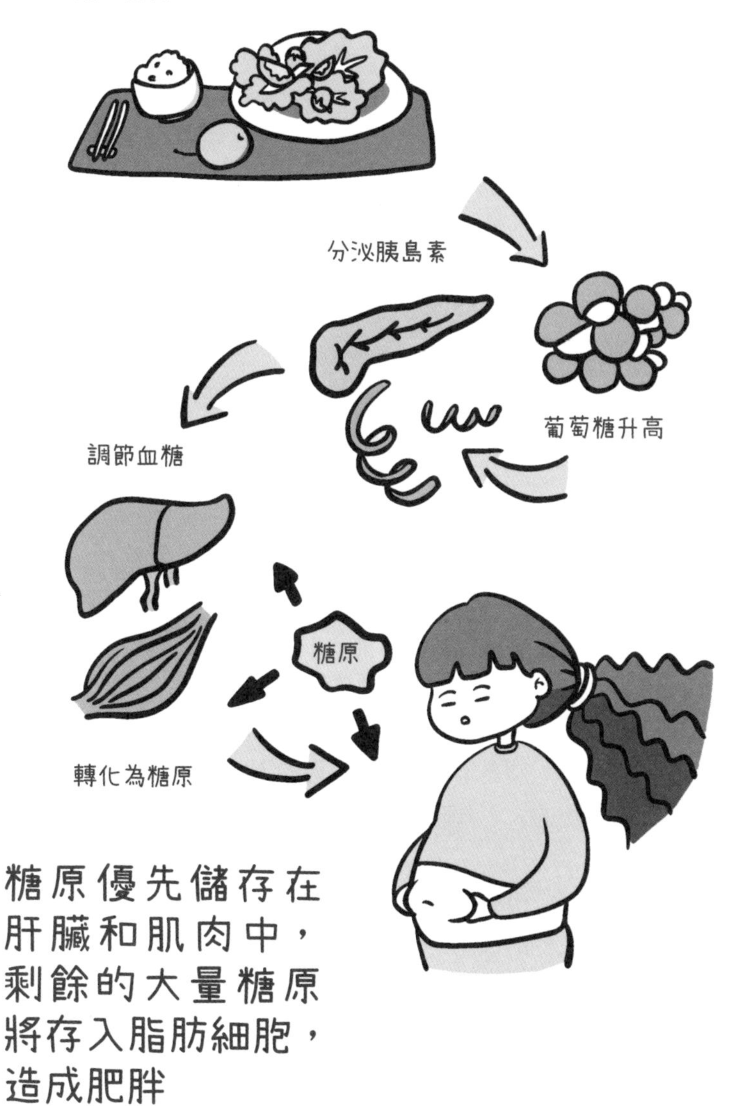

糖原優先儲存在
肝臟和肌肉中，
剩餘的大量糖原
將存入脂肪細胞，
造成肥胖

NOTE!

胰島素是掌管身體儲存脂肪的肥胖激素

② 現代人的肥胖成因——胰島素抵抗

胰島素屬於儲存型激素，胰島素釋放得越多，身體越容易囤積脂肪。如果經常食用高糖類食物，就會開始一個惡性循環。因為細胞接收葡萄糖的能力有限，所以如果血液中的胰島素水平長期居高不下，那麼細胞對胰島素的敏感度就會降低，形成胰島素抵抗。

與經常生病打抗生素針的人會出現抗生素抵抗（耐藥性），導致同等劑量的藥物無法治療好原來的疾病，所以必須加大劑量一樣，對於有胰島素抵抗的人來說，同等劑量的胰島素無法使原先血液中的糖原進入細胞，於是胰腺就需要分泌更多的胰島素才能把血糖降下來。長此以往，惡性循環，人體細胞對胰島素的抵抗越來越嚴重。而胰島素又是促進脂肪合成的激素，這些大量的胰島素會使身體合成更多的脂肪，所以胰島素抵抗是現代人日漸肥胖的主要原因之一。

胰島素抵抗最容易導致腹部脂肪堆積。如果你的腰圍和臀圍的比例大於 0.9，就有較大可能存在明顯的胰島素抵抗。例如，腹部肥胖就是典型的胰島素抵抗的症狀。兩個胰島素抵抗程度不一樣的人，減肥效果也會出現較大的差異。胰島素抵抗程度較輕的人，減肥速度更快；而胰島素抵抗程度較嚴重的人，減肥速度就更慢。

胰島素抵抗也會阻礙大腦對瘦素信號的接收，進一步導致瘦素抵抗。瘦素管控身體吃飽的信號，一旦出現瘦素抵抗，大腦就不會接收到「吃飽就停」的信號。結果是，我們更容易食欲大增，導致出現不吃到撐得難受就不會停止的情況。

胰島素抵抗除了會造成肥胖問題，還會引發糖尿病、心臟病、高血壓、痛風、新陳代謝症候群等慢性疾病。

胰島素屬於儲存型激素；胰島素越多，身體越容易囤積脂肪

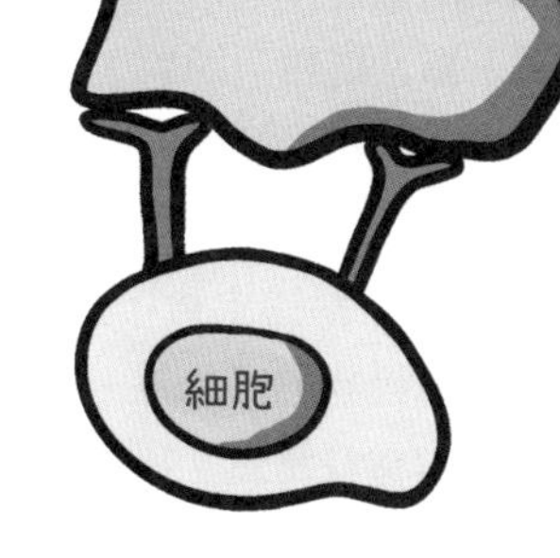

胰島素水平高，大量胰島素會促使合成更多的脂肪，造成肥胖

NOTE!

胰島素抵抗最容易導致腹部脂肪堆積

③ 促使肥胖激素大量釋放的食物

為避免肥胖激素大量釋放，我們要控制糖類食物的攝入。

首先最應該避免攝入的，就是白色糖類食物。白色糖類食物，指的是我們在日常生活中經常吃到的糖類食物，例如糖果、蛋糕、雪糕，還有女生最愛的奶茶、朱古力、冬甩等，以及水果乾、薯片、餅乾、點心等零食。這些常見的加工食品，都含有大量的糖。

其次，引發胰島素大量分泌的不只是這些白色糖類食物，還有米黃色糖類食物。米黃色糖類食物，通常指的是富含澱粉的食物。很多人對含糖食物的認識存在誤區，以為添加了糖的食物才算是真的含糖食物，其實澱粉也是一種糖類食物。雖然澱粉類食物吃起來不像添加糖的食物那麼甜，但是當澱粉進入腸道被人體消化後，就會分解成葡萄糖進入血液。

你知道嗎？100 克白飯分解產生的糖，比一罐 240 毫升可樂含的糖還要多！所以並不是只有甜的東西才是糖類食物。我們常吃的主食，比如米飯、麵、麵包、餅乾、粥⋯⋯這些嘗起來雖然不甜，但是頓頓出現在餐桌上的食物，都屬於糖類食物。

除了一日三餐的主食，我們平時吃的甜點、奶茶、薯片等零食，都會增加糖類食物的攝入量。而這些吃進身體裏的多餘的糖，將會被轉化成脂肪儲存在身體裏。所以，減少攝入糖分，是減肥人士的「必守法則」！

白色糖類食物：
直接導致發胖，最應該避免攝入

米黃色糖類食物：
澱粉類食物，可適量攝入

NOTE!

過量攝入的糖類食物，將會被轉化成脂肪儲存起來

打開燃燒脂肪的「大門」

1 如何才能開始燃燒脂肪

人體有兩種不同的供能模式：燃糖供能模式和燃脂供能模式。想有效地燃燒脂肪，必須從燃糖切換到燃脂。在多吃糖的飲食模式下，身體會優先選擇用葡萄糖來作為燃料供能。葡萄糖供能是最快速的供能方式，所以在使用葡萄糖供能的情況下，身體很少會燃燒自身脂肪來供應能量。

而當我們減少飲食中糖類食物的攝入後，身體就會選擇第二大能量供應來源，即將脂肪作為主要的燃料進行供能。於是身體開始燃燒自身的脂肪和攝入的脂肪來供應能量。當使用脂肪供能時，我們就進入了燃脂供能模式。如果飲食中攝入過多糖類食物，身體就會停止燃脂供能，轉而切換回燃糖供能模式。

所以，想通過燃燒脂肪來供能，就必須減少糖類食物的攝入，同時積極攝入充足的蛋白質和脂肪類食物。

除此之外，我們還可以利用糖原異生來幫助身體消耗脂肪。當減少糖類食物的攝入後，身體會幫助保持一定的血糖水平，將蛋白質、脂肪等非糖類物質作為「原料」，在體內自行合成葡萄糖，這個過程就被稱為糖原異生。

由於將這些非糖類物質轉化成葡萄糖的效率，沒有直接使用糖類物質的效率高，所以身體需要多燃燒 20%～33% 的熱量來促進發生糖原異生作用。在無形中，身體就可以消耗更多的脂肪。同樣，若攝入過多的糖類食物，人體就會停止糖原異生。

想更好地燃燒脂肪，必須積極攝入用於發生糖原異生作用的「原料」，例如蛋白質、脂肪、維生素、礦物質等營養素。因為當體內的蛋白質含量不充足時，身體就會開始分解肌肉進行糖原異生。而肌肉是保證基礎代謝率的基礎。所以，節食、不吃肉類食物並不能幫助我們成功減肥。

NOTE!

促進脂肪代謝，要減少糖類食物攝入，增加蛋白質和脂肪攝入

❷「血糖過山車」會中止我們的脂肪燃燒

我們已經了解到，肥胖激素胰島素是儲存型激素，在釋放胰島素的時候，身體進入儲存脂肪的模式。而只有胰島素回歸正常水平，身體才能進入燃燒脂肪的耗能模式。所以當儲存脂肪的時間多於消耗脂肪的時間時，身體會容易囤積脂肪，人就變得越來越胖了。

如果在一日三餐的飲食當中，攝入了較多的糖類食物，比如一份菜少飯多的碟頭飯，或者一碗車仔麵、一個牛角包等，那麼胰島素就會因為突然升高的血糖水平而大量釋放，而過量分泌的胰島素又會導致餐後的血糖水平降得太快、太低，血糖如此大起大落的過程就是所謂的「血糖過山車」。

當出現「血糖過山車」時，由於血糖降得過低，人會出現困倦、發抖、煩躁不安的情況，同時也會更加容易感到飢餓，迫不及待地想要吃零食。事實上，大多數人的零食選擇通常都是奶茶、餅乾、朱古力、蛋糕、水果等高糖類食物。而吃零食的過程又會打斷兩餐之間的燃脂模式，讓身體停止燃燒脂肪，重新回歸到儲存脂肪的模式。一天當中，這樣循環往復的「血糖過山車」，會導致人體燃燒脂肪的時間遠遠少於儲存脂肪的時間。也就是說，囤積脂肪的機會變多了，而消耗脂肪的機會變少了。

前面我們講過，一天當中頻繁地大量分泌胰島素還會使人的食欲變得更強、吃得更多。避免血糖像過山車一樣大起大落，對於預防肥胖來說是非常重要的。所以，必須改掉在兩餐之間吃零食的習慣，尤其是高糖類食物。另外這也同樣解釋了，少食多餐的飲食習慣並不能夠真正幫助你減肥！

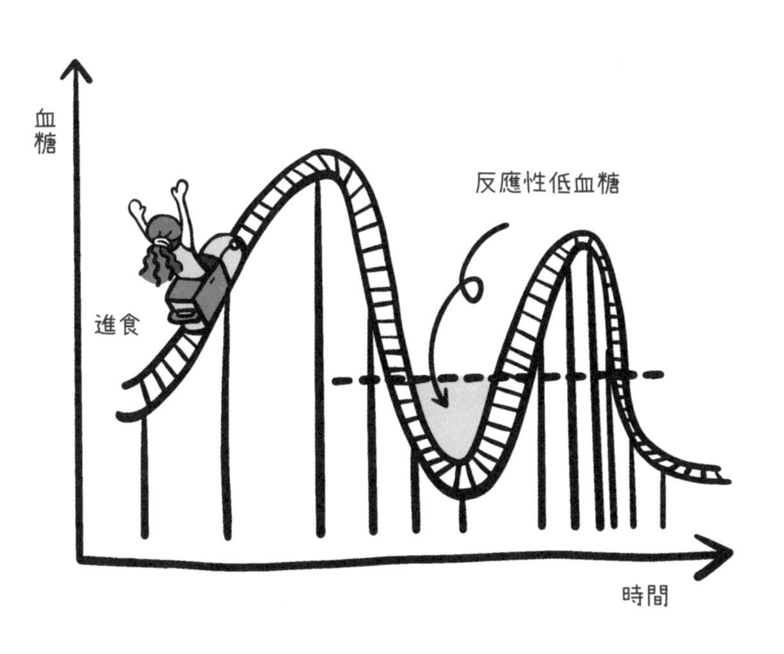

╳ 兩餐之間吃零食　　╳ 少食多餐

NOTE!

「血糖過山車」更容易造成肥胖

肥胖之王——小麥

肥胖的原因竟然是小麥？小麥製品是我們生活中常見的主食，例如麵包、麵條、薄餅、饅頭等麵食，它們的原料就是小麥。

小麥是容易使血糖快速上升的高糖類食物主要原料。讓女性愛不釋手的蛋糕、甜品，除了含有小麥，還添加了大量的糖，簡直糖分「爆表」！如果能夠捨棄這些小麥類主食和甜品，在無形中就會大大減少糖的攝入。

小麥含有麩質。麩質是一種大量存在於小麥、黑麥、大麥中的蛋白質，它最主要的成分是穀蛋白和醇溶穀蛋白。通俗點來說，麩質就是麵筋。麵條筋道、麵包蓬鬆拉絲、饅頭有嚼勁，都是因為小麥中的麩質具有黏性，可以讓麵團變得富有彈性。

而麩質可以說是食物中的「肥胖之王」。含有麩質的主食，通常含糖量都非常高。此外，研究顯示，麩質能通過刺激大腦產生快感來激發食欲。所以這些含有麩質的主食和零食，總是會讓人一吃就停不下來，如同上癮一般。過度旺盛的食欲是引起現代人肥胖的主要原因之一。

而且，麩質還會增加患胰島素抵抗、糖尿病和脂肪肝的風險。前面講過，胰島素抵抗是現代人肥胖的主要原因之一。所以，想擁有更加健康苗條的身材，就要儘量避免吃以小麥為原料的食物。

事實上，除饅頭、麵包、甜點等之外，日常生活中還有很多食物都以小麥為原料，例如醬料、餅乾等。所以，建議大家在選購食品時，先查看配料表，儘量避免含有「小麥粉」的食品啦！

小麥是高糖類食物的主要原料，其中含有的麩質更是「肥胖之王」

購買前先查看配料表，
儘量避免含有「小麥粉」
的食品

NOTE!

小麥製品含有麩質，會增進食欲

總想吃東西，你可能對糖上癮

❶ 你知道吃糖會上癮嗎

明明不餓，卻總想吃東西；看到新出的黑糖甜品、芋頭奶茶、千層蛋糕就會抵擋不住誘惑；吃東西的時候容易狼吞虎嚥；心情差的時候會很想吃甜食來安慰自己⋯⋯其實，這些反應並不代表你的自控力不強，而是因為你身體中的糖癮在作祟。

很多人都有糖癮。據統計，97% 的女性和 68% 的男性會對含糖的食物有強烈的渴望。我們為甚麼會有糖癮呢？事實上，當攝入糖類食物時，大腦中的「獎賞」中樞會分泌一種神經傳遞素——多巴胺。多巴胺會讓人產生短暫性的滿足感和幸福感。當這種行為經過多次重複後，大腦的神經可塑性就會不斷強化吃糖的這個行為，讓它變成一種難以戒掉的習慣。

糖癮和煙癮類似，是在大腦中樞已經形成的上癮症。所以，這並不是只靠你的自控力、意志力就能解決的問題。不要小看糖癮的威力，早有科學實驗表明，人對糖的上癮程度比對可卡因還要大！

造成糖癮的原因，除了多巴胺，還有肥胖激素胰島素這個「幫兇」。大量的胰島素分泌很容易引起「血糖過山車」，而「血糖過山車」的反應又會刺激食欲增加，讓我們更加想要吃東西，尤其是能快速提升血糖的糖類食物。這樣形成一個惡性循環，使我們對糖類食物更加上癮，也更加容易養成一吃就停不下來的暴食行為習慣。

我們仔細想想，不難發現，通常很少有人會對肉、雞蛋、大白菜、西蘭花上癮，但是會有很多人對朱古力、雪糕、甜品上癮。這就是糖的特殊之處，讓人在不知不覺中深陷糖癮的控制，無法自拔。

NOTE!

對糖上癮會促使吃下更多的糖類食物

❷ 三個方法幫你擺脫對糖的依賴

對於糖癮，你從來不是一個人在戰鬥！想更好地避免因糖癮導致的食欲大增、暴飲暴食的情況，你首先要從飲食方面做出調整。減少攝入糖類食物，避免刺激多巴胺和肥胖激素胰島素的分泌，同時多攝入能穩定血糖和胰島素的食物，確保血糖水平穩定，這是戒除糖癮、成功減肥的第一步。

I. 攝入有營食材

為了更好地戒除糖癮，你需要在日常飲食中攝入更多的膳食纖維、蛋白質和健康的油脂。因為它們可以幫助身體平衡血糖水平和胰島素水平，同時還能大大延長飽腹感的持續時間，降低因糖癮引起的食欲增加。

II. 補充維生素

除了調整飲食結構，補充維生素和礦物質也十分必要。B 族維生素能很好地幫助你克服糖癮，尤其是維生素 B6 和維生素 B12。動物肝臟、蛋黃、紅肉等食物，都是 B 族維生素的良好來源。此外，蔬菜中富含的礦物質鉀對於緩解糖癮也很有幫助。還有益生菌，也能幫助你降低對糖的渴望，因為它能有效去除體內的酵母菌，維持腸道的菌群平衡。所以，平時可以多吃些無糖乳酪、泡菜、蘋果醋等富含益生菌的發酵類食物。

III. 正確的運動

選擇正確的運動方式對控制糖癮同樣重要。有氧運動，實際上會讓你更加渴望吃糖類食物；而高強度間歇性運動和瑜伽、普拉提等，則有助於你更好地穩定血糖、遠離糖癮。

戒掉糖癮是一個改變習慣的過程，它需要時間。所以，多給自己一點耐心，科學地認識你和食物的關係，才是讓減肥成功的正確方向。

NOTE!

戒除糖癮，是成功減肥的第一步

好吃不胖的主食這樣選

❶ 富含膳食纖維的優質主食

減肥時期如何選擇主食，才能吃飽又不變肥呢？我們首先要了解一個概念，從專業的角度上來説，糖屬於碳水化合物。碳水化合物是一個大的分類，其中包括糖、澱粉、膳食纖維。而這其中會導致肥胖激素大量分泌的是糖和澱粉，也是我們首先要避免攝入的，糖類、澱粉類食物包括含糖的零食、飲料、醬料、調味品等，以及常見的精細化主食（如米飯、麵條、粥、餅、麵包等）。

而同樣屬於碳水化合物的膳食纖維，並不會與糖和澱粉「同流合污」。它不僅不會引起肥胖激素胰島素的大量分泌，反而對平穩血糖、增加飽腹感和維持腸道菌群健康有很好的作用。膳食纖維多存在於新鮮的蔬菜當中。所以，**我們應該優先選擇富含膳食纖維且營養更全面的根莖類蔬菜作為主食。**

相比包含大量麩質的小麥和已經去除麩皮胚芽、僅剩一點營養的胚乳卻含有大量澱粉的大米來説，根莖類蔬菜除含有澱粉之外，還含有膳食纖維、維生素、礦物質等其他營養成分。雖然根莖類蔬菜也含有澱粉，但是其中富含的膳食纖維和澱粉混在一起，增加了身體消化分解的時間，讓澱粉轉化的糖原緩慢地釋放到血液中，間接地幫助調節血糖水平，避免了肥胖激素胰島素的大量分泌。

常見的可以替代精細米麵當主食的天然根莖類蔬菜，包括南瓜、紅蘿蔔、紅薯、紫薯、蓮藕、芋頭、薯仔等。如果一頓飯中包含一碗米飯和一碟咖喱薯仔（這就是精細主食＋優質主食的組合），那麼這頓飯中的糖含量就會嚴重超標。所以，我們應該把根莖類蔬菜放在一頓飯的

主食比例當中，再配以非根莖類的綠葉蔬菜和富含蛋白質和脂肪的肉蛋類食物，這樣在減少肥胖激素分泌的同時還能獲取更加豐富的營養素補充。這樣的一餐搭配，無論從增加營養方面還是減脂方面來說，都會非常出色。

減肥時期如何選擇主食

NOTE!

選擇優質主食

❷ 簡簡單單主食瘦身法

除了用根莖類蔬菜替代精細化主食，我們還可以通過攝入抗性澱粉來輔助平衡血糖水平，避免肥胖激素大量分泌。甚麼是抗性澱粉呢？

抗性澱粉和澱粉不一樣。事實上，抗性澱粉算是一種膳食纖維，因為它和膳食纖維一樣都有抗消化的功能。許多研究表明，抗性澱粉對健康有益，例如，它可以降低血糖水平、提高胰島素的敏感性、降低食欲，以及改善消化道健康。

而獲得抗性澱粉最簡單的辦法，就是將根莖類蔬菜煮熟後再冷卻！將含有澱粉的食物煮熟後冷卻，會使食物中的一些普通澱粉轉化成為抗性澱粉。所以，如果將紅薯、南瓜、薯仔、紫薯這樣的根莖類蔬菜一次過蒸煮 2～3 天的量，然後放入冰箱冷藏，等到用餐時再拿出來替代精細米麵食用，可以更好地幫助我們減脂。

但是需要注意的是，膳食纖維和抗性澱粉並不是萬能的，它們不能抵消攝入過量的糖類和澱粉類食物。所以哪怕是優質主食，我們也不能毫無節制地攝入。如果攝入過多的根莖類蔬菜，其中過量的普通澱粉，也會轉化成過量的葡萄糖，再變成脂肪儲存進我們的身體。所以，建議每一餐的優質主食佔一餐總量的 30% 即可。

進食的順序對於血糖水平也存在影響。例如，先吃蔬菜、肉蛋類食物，最後再吃主食，能使血糖水平的波動趨於平穩，這也會大大降低對肥胖激素的刺激。

正確的進餐順序

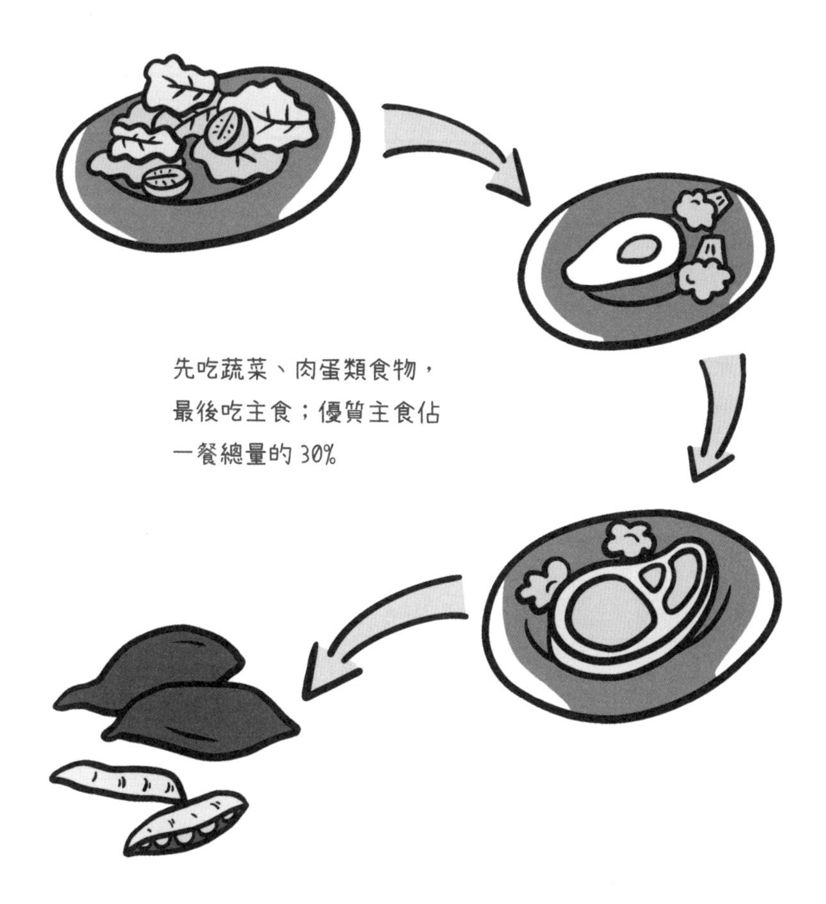

NOTE!

將優質主食放涼後食用，更加有利於平穩血糖

❸ 更多好味的主食選擇

除了根莖類蔬菜，優質主食還有哪些選擇呢？其實有利於健康和減脂的主食有很多，比如蒟蒻食品。以前我們常吃的蒟蒻食品，是在打邊爐的時候煮的芋絲；現在的蒟蒻食品已經有了更多的形態，其中就有最接近我們平時吃的米麵的蒟蒻米和蒟蒻麵，它們是非常好的精細米麵的替代品。

蒟蒻幾乎不含澱粉和糖，不會刺激肥胖激素胰島素的分泌。同時，蒟蒻中的葡甘露聚糖是一種很好的益生元，對改善便秘，促進鈣、鎂、鐵、鋅的吸收十分有幫助。不過想要選擇一個好的蒟蒻食品也有前提，首先要避免有大量添加劑的蒟蒻零食，其次購買蒟蒻米麵時要儘量選擇無小麥粉、燕麥粉等添加的純天然蒟蒻食品。

如果你愛吃餅類的主食，也可以選擇使用雞蛋來代替麵粉。例如，加入了煙肉和蔬菜的雞蛋餅，就是一個很好的主食替代選擇；還有傳統美食蛋餃，也完美地解決了精細化麵粉和麩質的問題。雞蛋真是一個美味又神奇的食材，在完全不用麵粉的情況下，用它就能做出美味的蛋餅和蛋餃。

愛吃麵包的女性可以將烘焙使用的麵粉，替換成含糖量比較低的杏仁粉和椰子粉。當然，也可以在其中添加奇亞籽或者洋車前子殼粉來增添風味。相較於麵粉來說，杏仁粉和椰子粉不含麩質，同時含有較多的膳食纖維和大量的鎂，對平衡血糖很有好處。

實際上，主食的選擇並不僅僅限於米麵，還有多種多樣的食材可供選擇。無論是對於減肥，還是對於健康來說，我們都應該選擇營養密度更大，同時對肥胖激素刺激更小的優質主食。

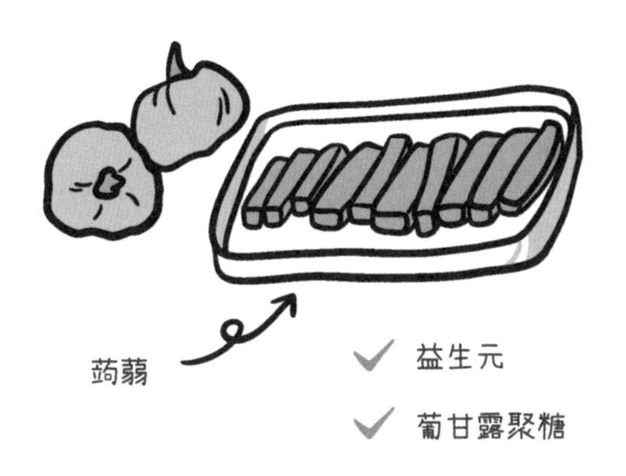

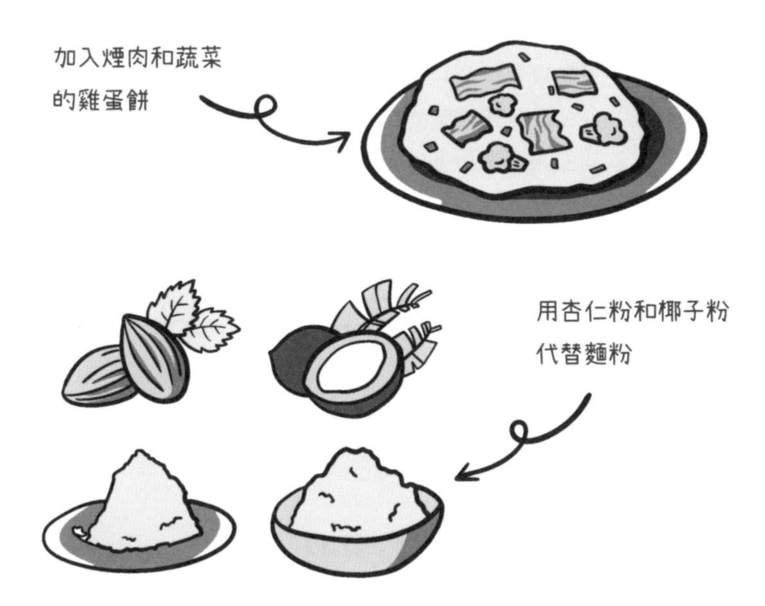

NOTE!

主食的選擇非常豐富，細心選擇總有適合你的

小心隱藏在生活中的「健康殺手」

❶ 無糖食品的騙局

越來越多的人已經意識到，吃糖是一個壞習慣。糖除了帶來甜蜜的味道，帶給我們更多的是糖尿病、冠心病、肥胖等代謝疾病。所以，現在也有越來越多的人在超市購買食品時，會選擇聽上去更健康的無糖食品。但是，你了解過無糖食品嗎？

通常大部分人認為糖就是白砂糖，只要不吃帶白砂糖的食物就可以了。但實際上，糖類食物中可不只有白砂糖。超市裏 80% 以上的食物都是含糖的。而我們常見的無糖餅乾、無糖果汁、無糖麵包，雖然打着「無糖食品」的標籤來誘導更多的人購買，但事實上它們並不是不含糖，它們只是不含額外的添加糖而已。

舉個例子，無糖餅乾和無糖麵包當中使用最多的原料就是小麥粉。在前面我們講過，糖類食物還包括常見的主食，像小麥粉這樣的高澱粉類食物在進入人體後，一樣會被消化分解成葡萄糖。所以這些食物貌似無糖，但實際上含糖量一點都不低。一袋無糖餅乾，每 100 克中就有約 50 克碳水化合物。

再比如無糖果汁。無糖果汁是沒有額外添加糖的，但這並不代表製作果汁的水果不含糖。好比一根普通的香蕉本身就含有果糖、葡萄糖、麥芽糖等糖類物質。而且，用來製作果汁的水果普遍含糖量都較高，這樣製作出的果汁才香甜好喝。所以，哪怕是不額外添加糖的天然果汁，也一樣會糖超標，讓人發胖。

所以，你也可以檢查一下家裏的無糖食品是否真的無糖！

NOTE!

不添加糖≠無糖

❷ 無處不在的糖

在日常生活中，糖幾乎可以說是無處不在。它常常隱藏在你想都想不到的地方，且常偽裝成你不認識的樣子出現。

我們在超市裏購買食品時，以為避開零食區，就是避開了糖類食物。但事實上，當你仔細查看成份時，就不難發現，處處都有糖的影子。例如，常見的加工肉類食物中就含有白砂糖，常吃的腸仔、豆豉鯪魚罐頭中含有白砂糖，老乾媽醬中含有白砂糖，咖啡店的茶飲中會額外添加糖，還有泡菜、乳酪等等中也都有大量的糖。

就連在煮飯時用到的醬料，也含有大量的糖類物質，例如常見的沙律醬、茄汁、辣椒醬、燒烤醬、豆瓣醬，等等。在外就餐時，大多數餐廳為了增添風味，都會在飯菜裏額外添加糖或者使用含糖的醬料。食品業之所以如此濫用添加糖，正是因為糖能改變食物的口感，還能刺激多巴胺的分泌，讓人覺得好吃上癮，進而促成一次次的消費。糖越多，你越上癮。

還有研究表明，當你攝入蔗糖時，蔗糖會「繞過」那些提醒你吃飽的激素，也就是說，蔗糖會使你在不知不覺中過度飽食。而蔗糖是現在在食品當中最常用的添加糖種類。

還需要注意的是，食品製造商常常會使用五花八門的名稱來隱藏食品中真正的糖類物質，比如玉米糖漿、果葡糖漿、麥芽糖、果糖、葡萄糖、紅糖、結晶果糖、濃縮果汁、乳糖等。其實，無論它們叫甚麼名字，都屬於糖類物質，都會讓你發胖。

所以，做一個聰明的消費者，學會查看食品標籤和配料表，這樣才不會被隱藏的糖類食物阻礙瘦身之旅。

NOTE!

小心隱藏在食品中的添加糖

❸ 如何避免添加糖

二〇一五年，世界衛生組織（WHO）建議，成人每日攝入的添加糖不應超過總攝入量的 5%。對於正常體重的成人來説，每日攝入的添加糖不應超過 25 克。可是你知道嗎，一瓶 550 毫升的可樂就含有將近 60 克的糖；一瓶無糖乳酪中大約有 17 克天然乳糖，如果乳酪中再額外添加了糖，那麼它的含糖量就有可能達到 47 克；一杯常見的添加了糖的果汁，總的含糖量居然可以達到 130 多克。所以，如果你的一日三餐中配有大量主食，炒菜也額外使用白砂糖和醬料，兩餐之間再吃幾塊餅乾，那麼這一天你攝入的糖就會積少成多，為你積存更多的脂肪。

如何做才能不被各種添加糖牽着鼻子走，以下幾個方法也許能幫助你戰勝攝糖過量的習慣。

I. 學會查看食品標籤

就算食品標籤上標明了「無糖」、「天然」、「健康」等文字，也並不代表它就是真正的健康食品。還要小心那些吃上去並不甜，但是通常都含有添加糖的食品，例如茄汁、燒烤醬、乳酪、火腿等加工食品。除了查看配料表中配料的名稱，還要注意配料的順序，這也是判斷食品含糖多少的線索。按照相關規定，食品的配料要按照含量從高到低進行排序。也就是説，配料表中排行第一的配料，它的含量是最高的。而大多數零食的配料表中，小麥粉和白砂糖都位居前列，這就是典型的糖類＋添加糖的組合。還有各種令人眼花繚亂的添加劑，不僅沒有任何營養，若長期攝入，還會給身體增加額外的負擔，拉低基礎代謝率，引發潛在的健康風險。

II. 不要額外添加糖

拒絕喝市售的含糖飲料，改掉在咖啡和茶中添加糖的習慣，也別在做飯的時候大把大把地撒糖了。一時的口舌之欲，只會給你帶來更多的肥胖與健康問題。

III. 多吃真正的新鮮食物

例如，健康的脂肪類食物，還有新鮮的綠葉蔬菜和含優質蛋白質的食物（是真正的食物，不是各類加工食物）。這些新鮮食物可以幫助你增加飽腹感，減少對糖的渴望。

WHO 建議，成人每日攝入的添加糖，不應超過總攝入的 5%

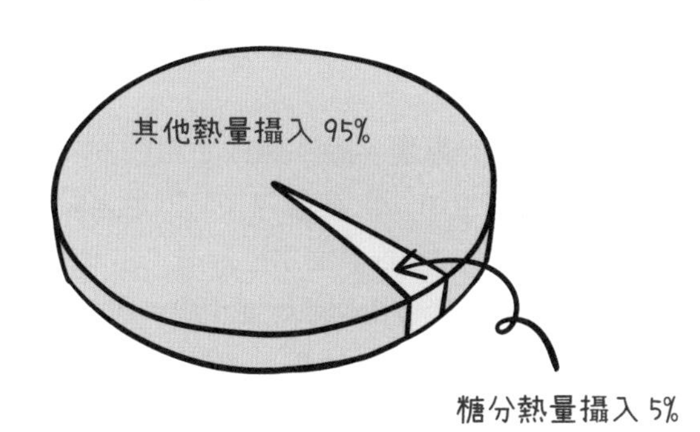

NOTE!

避免攝入添加糖，才可以更好地減少身體脂肪

血糖越高，老得越快

糖是如何導致我們衰老的

誰都想擁有緊致光滑的皮膚和青春永駐的容顏，但是現在我們普遍存在的高糖飲食習慣，卻正在加速我們的衰老。導致衰老的「惡魔」之一，正是 AGEs，它也被稱為晚期糖化終產物。它是血液裏的糖和體內蛋白質發生美拉德反應，即糖化反應產生的一種化合物。

試想一下，地板上撒了糖，如果不及時清理，是不是會變得黏黏的？所以，如果我們在平時的飲食中攝入過多的糖類食物，那麼糖就會轉化成血糖，存在於全身的血液中。而這些黏黏的葡萄糖分子，就會與人體內的肌肉和皮膚等蛋白質相結合，改變蛋白質的結構，從而產生 AGEs。這個過程就是人體內發生的糖化反應。

膠原蛋白是首先受到影響的蛋白質之一。所以，AGEs 也是導致色斑、皺紋、皮膚鬆弛等衰老問題的主要原因之一。

AGEs 對身體的影響，絕不僅僅表現在容貌的衰老上。攝入過多的糖類食物，會使得 AGEs 在體內長時間地累積，不斷產生破壞力。AGEs 還會引起身體的慢性炎症水平升高，阻礙肌肉生成，導致身體各個器官細胞老化，誘發一系列退行性疾病，例如動脈硬化、白內障、慢性腎衰竭和阿茲海默病等。所以，血糖一直處在高水平的人，從內到外，都會衰老得很快。

該如何防止生成過多的老化物質 AGEs 呢？首先，減少攝入使血糖水平急劇升高的糖類食物。其次，AGEs 不止限於在體內生成，如果食物中同時含有糖和蛋白質或脂肪，那麼在 120℃的高溫下，也會很快生

成 AGEs，如下了糖的外婆紅燒肉、塗抹含糖醬料的烤肉和油炸食品，所以我們也應該避免食用這類食物。簡單總結來說，AGEs 不僅會讓你老得更快，還會造成各種各樣的慢性疾病，讓你更加容易發胖。

攝入糖類食物

血液中過多的血糖

與體內的肌肉、皮膚等蛋白質結合

生成 AGEs

AGEs 會導致色斑、皺紋、皮膚鬆弛等衰老問題

NOTE!

避免攝入過量的糖類食物，是抵抗衰老的基礎

保護好你的瘦身激素

神奇的瘦身激素——瘦素

為了燃燒身體內多餘的脂肪，我們要好好利用能夠幫助燃燒身體脂肪的激素，比如瘦素。瘦素也叫瘦蛋白，是一種可以抑制食欲，不讓你過度飽食，幫助你調節身體平衡，提高身體代謝，使你更容易燃燒脂肪、更容易瘦下來的激素。

瘦素由脂肪細胞產生，所以它的含量與身體脂肪的含量成正比。身體脂肪增加，瘦素水平也會上升；身體脂肪減少，瘦素水平也隨之下降。也就是説，在人體原本的生理機能中，就具有防止體內脂肪增加過多的系統。

既然我們的身體中有這樣的系統，為甚麼還會出現那麼多肥胖問題呢？這是因為身體的瘦素系統出了問題。當身體脂肪增加時，脂肪細胞會根據需要分泌瘦素。但如果接收瘦素信號的受體變得不再靈敏，不能很好地接收瘦素傳達的信號，瘦素就不起作用了，這種情況也叫瘦素抵抗。通常，食欲旺盛、飯後總忍不住想吃甜點、腰腹部有明顯贅肉等，都是瘦素抵抗的明顯特徵。

造成瘦素抵抗的原因，包括胰島素抵抗、身體炎症及長時間維持高水平的瘦素。長期攝入高糖類食物引起的胰島素抵抗，會影響瘦素系統的正常工作；身體炎症增加，會使下丘腦接收信號的敏感度下降；長時間的肥胖導致瘦素水平一直居高不下，也會影響身體的敏感度。

所以減少食用糖類食物，避免因攝入加工食品中的各種添加劑引發身體炎症尤為重要。與此同時，可以再增加攝入 Omega-3 脂肪酸來幫

助緩解身體炎症。你還可以多吃些膳食纖維含量高的蔬菜，例如生菜、芹菜、白菜等，也同樣有助於改善瘦素抵抗。

身體細胞是不斷交替更新的，激素對於製造肌肉、分解脂肪、燃燒脂肪等新陳代謝十分必要。所幸的是，我們可以通過良好的飲食習慣來解決瘦素抵抗這個可怕的問題。

增加攝入富含 Omega-3 脂肪酸的
海產品和膳食纖維含量高的蔬菜

NOTE!

保護好我們的瘦身激素

milk

法則

3

食肉「瘦」的超幸福減肥法

減肥的主角是肉類，配角是蔬菜

只吃蔬菜沙律會導致營養不足、拉低基礎代謝率

很多人認為，減肥就要放棄吃肉，每天僅靠吃蔬菜沙律來降低熱量攝入以達到目的，對一班「食肉獸」來說十分痛苦。事實上，這種方式也許在短時間內能幫助你降低體重，但是從長期來看，這樣的飲食方式會拉低你的基礎代謝率，無法真正達到最終的減肥目的，也無法讓你養成易瘦的體質。

試想一下，「不吃肉，只吃素」的飲食方式如果真的可以減肥，為甚麼寺廟裏的許多和尚還會出現肥胖問題呢？

長期僅靠吃蔬菜沙律來減肥，一味地降低熱量攝入，會導致身體缺少必需的脂肪酸和蛋白質，造成體內激素水平失調，這會讓減肥的路越走越艱難。不僅如此，女性長期素食還可能導致卵巢發育不良、激素分泌失常、月經紊亂、貧血，甚至出現不孕的情況。男性也不例外，長期吃素的男性，體內會缺乏鋅、錳等營養素，而缺乏這些物質會影響男性的性功能和生育能力。

而且，長期不吃肉會使人體所需的一些營養成分得不到及時的補充，如鈣、鐵、碘、維生素 B12 及脂溶性維生素等，從而導致營養不良，增加患心腦血管等慢性疾病的風險，同時還會損害到某些身體器官。

此外，蔬菜沙律還存在一個問題，那就是通常市售的蔬菜沙律，使用的都是一些水分含量比較高的生菜、青瓜、番茄、南瓜等，其營養成分過於單一，缺少像海帶、蘑菇、堅果等這些富含礦物質的素食。

不吃肉、只吃蔬菜並不是減肥的絕佳方式，甚至會損害你的健康。沒有健康，又何談擁有一個好身材呢？攝入足夠的營養、平衡體內的激素水平才是減肥的重心。

NOTE!

只吃蔬菜不吃肉，並不能減肥

蛋白質才是新陳代謝的關鍵

減肥最大的誤區就是不敢吃肉

長期只吃蔬菜的減肥方式，其最大的問題在於缺乏蛋白質攝入。蛋白質是人體組織的重要成分。我們的皮膚、骨頭、內臟器官、血管、激素、頭髮等，都是以蛋白質為原料組成的。同時，蛋白質還具有促進新陳代謝、運輸氧氣及營養物質、提升免疫力、調節身體 pH 值等多個功能。蛋白質也被稱為「生命的基石」。

但現代人偏高糖類食物的飲食方式和反復進行不合理的減肥，使蛋白質攝入不足成為普遍存在的情況。如果蛋白質攝入不足，身體就會發出信號，比如食欲旺盛、飯量越來越大、睡眠質量差，抵抗力弱容易生病，等等。

蛋白質不足也是導致衰老和肌膚問題的元兇之一。女性若缺少蛋白質，會出現皮膚乾燥、粗糙及長皺紋、臉色變差、脫髮等情況。

蛋白質對於減肥而言十分關鍵。蛋白質不足會導致肌肉損失，拉低基礎代謝率，影響肝臟功能的正常運轉，最終形成更容易發胖的體質。而吃肉能夠攝取充足的蛋白質，這就有一個很大的好處，即大大降低飢餓感。因為蛋白質可以很好地減少體內的飢餓激素，增加飽足感激素，從而抑制旺盛的食欲，讓你不用忍受飢餓，自然少吃，輕鬆瘦下來。

除了降低食欲，蛋白質還有消耗熱量的功能。因為蛋白質的食物熱效應是三大營養素中最高的，也就是說，吃富含蛋白質的食物時，你的身體通過咀嚼、吞嚥和消化過程所消耗的熱量是最多的。而且，蛋白質還能通過幫助修復肌肉組織來提高基礎代謝率。

減肥一定要吃肉，攝入充足的蛋白質，才會刺激身體打開脂肪分解的「開關」，促進脂肪燃燒，讓你變成一台「燃脂機器」。因此，減少糖類食物的攝入、增加蛋白質的攝入是控制脂肪燃燒「開關」的「鑰匙」。

蛋白質攝入不足會出現各種問題

NOTE!

蛋白質是「生命的基石」，也是減肥的關鍵

植物蛋白、動物蛋白，誰才是減肥贏家

1 選擇更高效、更全面的蛋白質

生活中常見的蛋白質主要分為兩類：植物蛋白和動物蛋白。但是現代人對蛋白質的認識往往存在誤區，大多數人認為應該多攝入植物蛋白，潛意識裏就會把植物蛋白和「健康」、「天然」、「低脂肪」、「高纖維」等聯繫在一起，感覺植物蛋白比動物蛋白更有利於減肥。

其實，你所攝入的蛋白質無論來自何處，最終都會被分解成氨基酸。身體會利用這些氨基酸來組建肌肉、製造身體所需的酶類物質或激素。但在此過程中，身體需要不同種類的氨基酸，缺少其中任何一種，整個運作過程都會癱瘓。

這些氨基酸又被分為必需氨基酸和非必需氨基酸。非必需氨基酸是人體自身可以生成的，而必需氨基酸在人體內無法生成，必須從食物中獲取。

必需氨基酸有 9 種：組氨酸、異亮氨酸、亮氨酸、賴氨酸、蛋氨酸、苯丙氨酸、蘇氨酸、色氨酸和纈氨酸。如果一種食物包含全部 9 種必需氨基酸，那麼它就稱得上是「完整的蛋白質來源」，能為你的身體提供所需的所有氨基酸。

動物蛋白是非常好的蛋白質來源，因為它往往包含了全部 9 種必需氨基酸，可以為人體提供完整的蛋白質。例如，肉類、魚類、雞蛋、奶製品等，都是動物蛋白的極好來源。植物蛋白雖然也含有氨基酸，但是很少會含有全部 9 種必需氨基酸，有的缺乏一種，有的缺乏多種。而且，我們攝入的蛋白質並非都能被身體吸收利用。人體對植物蛋白的吸

收利用率，往往不如動物蛋白那麼高。

因此，如果你想選擇更完整的蛋白質來源，多吃幾塊肉就能輕鬆搞定。但是，如果僅僅補充植物蛋白，那麼你可能就需要將大量的、多種類的植物蛋白混合攝入，才能保證人體必需氨基酸的完整性。因此，請優先攝入更為優質的動物蛋白。

❷ 哪些人不適合吃豆類食物

植物蛋白最常見的來源，通常是黃豆、綠豆、蠶豆等豆類食物。豆類食物雖然也含有很多營養素，但是它並非適合所有人食用，尤其不適合正處於減肥期的年輕女性食用。

很多女性為了減肥成功，都會下意識地增加豆類食物的攝入，例如，大量吃豆腐，喝豆漿、豆奶等。但是攝入過多的豆類食物，可能會造成體內的雌激素水平過剩，導致形成下半身肥胖的梨形身材，還可能影響女性的生理健康。

因為大豆中存在一種與身體雌激素結構相似的植物雌激素：大豆異黃酮。很多人認為，補充大豆異黃酮能降低患乳腺癌的概率，還能幫助豐胸和改善更年期綜合征。但是，也有很多研究顯示，大豆異黃酮可能會導致有些人的激素分泌失調，增加患宮頸癌和乳腺癌的概率。這與每個人的個體差異有很大關係，也就是說，大豆異黃酮可能存在雙向作用。

首先，對於減肥而言，雌激素不足和雌激素過剩都會導致身體發胖。但對於雌激素分泌旺盛的年輕女性來說，大量食用豆類食物會讓身體中的雌激素過剩。雌激素過剩不僅會影響女性的生理週期，導致痛經等經前綜合征，還會使下半身更容易囤積脂肪。所以如果你是下半身比較肥胖的女性，建議嘗試減少攝入豆類食物。

其次，尿酸水平高、有腎臟疾病的人，同樣不適合攝入過多的豆類食物。因為豆類食物中存在的草酸鹽，會與身體中的鈣離子結合形成草酸鈣。如果你本身尿酸水平偏高，再攝入過多的草酸鹽，就會更加容易形成腎結石。

豆類食物雖然含有豐富的植物蛋白，但是仍然需要適量進食，過量攝入並不能幫助你獲得更好的身材。

NOTE!

豆類食物並不適合所有人食用，尤其是下半身肥胖的年輕女性

十個女性九個貧血，居然和它有關

貧血的女性很難瘦下來

女性由於特殊的生理特徵，每個月都會流失一定量的血，再加上女性是減肥隊伍的主力軍，一減肥就不吃肉，所以很多女性都屬於貧血的高發人群。貧血最常見的症狀，正是很多女性都會有的容易疲憊、面色蒼白、手腳冰涼、特別怕冷等。要知道，體溫每下降 1℃，人體代謝就會下降 13%～14%。

而缺鐵性貧血是最常見的一種貧血，因為鐵是血紅蛋白的重要組成部分。跟據營養調查結果表明，內地人大約每 2 人就有 1 人缺鐵，每 4 人就有 1 人患缺鐵性貧血。尤其是素食者，非常容易患上缺鐵性貧血。在缺鐵的情況下，因為身體會傾向於燃燒更少的脂肪，所以人也就更難瘦下來。

在補鐵方面，很多女性存在誤區。通過食物來補充的鐵元素，一般分為兩種：血紅素鐵和非血紅素鐵。血紅素鐵是人體最容易吸收的鐵元素，一般存在於豬肉、牛肉、羊肉、動物肝臟等動物性食物中，可被人體吸收的比率為 20%～25%；而非血紅素鐵可被人體吸收的比率很低，只有 3%～5%，一般存在於菠菜、大豆等植物性食物中。這也是素食者吃了很多黃豆、菠菜等富含鐵元素的蔬菜，卻還是會出現缺鐵性貧血的原因。

而且，植物性食物中存在抗營養素，例如草酸、凝集素、植酸等物質。這些抗營養素會抑制鐵被人體吸收，進一步降低人體對鐵元素的利用率。比如，菠菜雖然含有非血紅素鐵，但同樣也含有大量的草酸。另外，貧血的人最好減少飲茶，因為茶葉中也含有一定量的抗營養素。為

了避免因飲茶引起的貧血發生，可以在茶水裏加點檸檬，因為檸檬中的維生素 C 可以加強人體對鐵的吸收。

鐵元素對人體尤為重要，如果不注意補鐵，很容易導致鐵元素攝入不足。而補充鐵元素，吃紅肉及動物肝臟是效率最高的方式。不過，對於素食者來說，可以考慮補充富含鐵元素的營養補充劑。

女性屬於貧血的高發人群

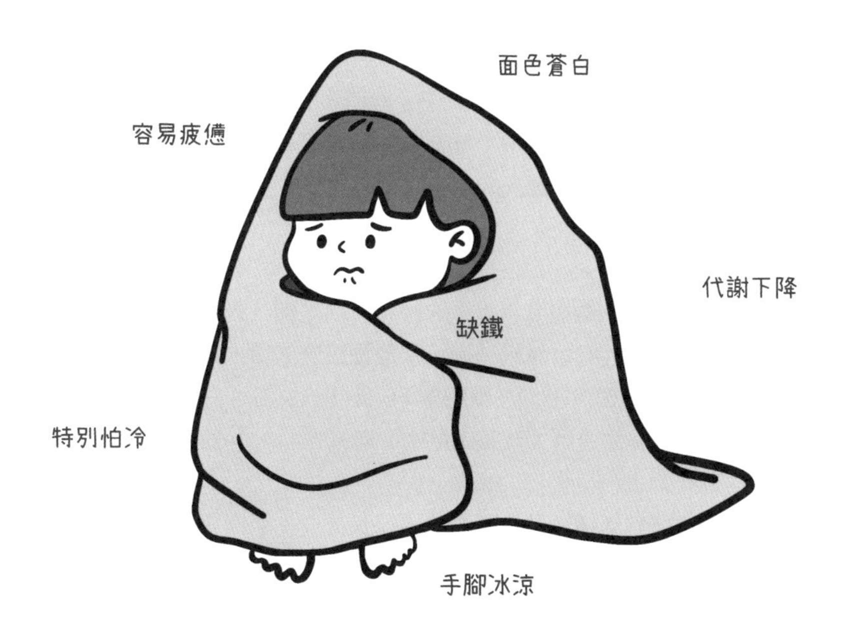

NOTE!

多吃紅肉及動物內臟，是非常高效的補鐵方式

五 每天攝入多少蛋白質才夠

1 攝入充足的蛋白質

對於蛋白質的重要性，在前面我們已經討論過了，只有吸收充足的蛋白質，才能夠保證肌肉和骨骼健康，身體才能製造足夠的免疫力抗體，影響肥胖、情緒的激素，以及消化吸收過程中必需的酶類物質，等等。因此，讓身體獲得足夠的蛋白質非常重要。但是，到底攝入多少蛋白質才算足夠呢？

實際上，在每日攝入的熱量當中，應該有 30% 左右來自蛋白質。也就是説，在你的一日三餐中，每餐攝入的食物成分中應該有 1/3 是優質蛋白質。但是具體到每個人的話，所需的蛋白質可能會略有不同。

一個健康的成年人，每日攝入的蛋白質含量為每公斤體重 0.8 克，即用你的體重公斤數乘以 0.8 所得的數字，就是你一天需要的蛋白質的量。如果你現在正在進行減肥計劃，那麼蛋白質的攝入量可以提升到每公斤體重 1 克。舉個例子，一個體重 60 公斤的女性，在減肥期間，每天蛋白質的攝入量要達到 48～60 克才足夠。

如果你是特別活躍、喜歡運動的人，那麼你的肌肉會隨着你的運動不斷生成和修復。因此，你需要攝入更多的蛋白質。例如，你的每日蛋白質攝入量可以提升至每公斤體重 2～3 克。如果你想增肌，還要額外補充蛋白粉，建議選擇動物性乳清蛋白，因為它會比植物性大豆蛋白的吸收效果更好。

對於特殊人群，比如兒童、青少年和孕婦，他們需要攝入更多的優質蛋白質，因為蛋白質能夠促進身體生長和發育。而對於老年人來説，

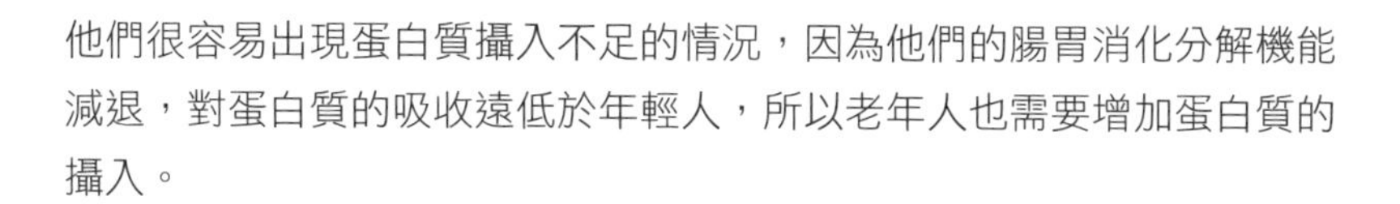

他們很容易出現蛋白質攝入不足的情況，因為他們的腸胃消化分解機能減退，對蛋白質的吸收遠低於年輕人，所以老年人也需要增加蛋白質的攝入。

兒童、青少年和孕婦應補充更多的優質蛋白質

NOTE!

每餐攝入的食物成分中應該有 1/3 是優質蛋白質

❷ 蛋白質如何量化到生活中

一個體重 60 公斤的女性，在減肥期間每天應攝入不低於 60 克的蛋白質，如果把它均勻分配在一日三餐中，那她每餐大約需要攝入 20 克蛋白質。這 20 克蛋白質到底有多少呢？

需要注意的是，肉類等動物性食物的重量並不等於它們所含蛋白質的量。一塊 100 克的肉，其蛋白質含量約為 20 克。這裏介紹給大家一個比較簡單的計算方法：伸出你的手，一塊手掌大小的肉大約就是 100 克。所以，每一餐要攝入一塊手掌大小的牛肉、雞肉、羊肉、豬肉或魚肉，一天至少攝入 3 塊手掌大小的肉，大概就能保證 60 克蛋白質的攝入量了。

例如，早餐你吃了兩個雞蛋，再加一小把堅果，基本上就差不多獲得了 18 克的蛋白質；到了午餐時間，用蔬菜炒一塊手掌大小的豬肉，可以獲得約 20 克的蛋白質；晚餐時，一塊手掌大小的三文魚肉，再加一杯無糖乳酪，也能獲得大約 25 克的蛋白質。這樣一天下來，就能輕鬆保證攝入 60 克的蛋白質。

如果想要知道到底攝入了多少蛋白質，可以查看食物的標籤或者從 App、書籍等處查詢食物的熱量。但是我們前面講過，這樣的查詢結果其實並不準確。事實上，確實沒有必要每頓飯都查詢熱量表。如果你經常性地攝入蛋白質，在一段時間後，你基本上不需要多想，就能判斷自己的蛋白質攝入量是否充足。

如果你想提高基礎代謝率從而幫助減肥，就應當攝入更多的富含蛋白質的食物。即便一天攝入了 100 克左右的蛋白質，也並不為多。有些人會擔心蛋白質對血糖水平有影響，事實上，在通過血糖儀的檢測後發現，蛋白質對血糖水平的影響是可以忽略不計的。

一個體重 60 公斤的女性，在減肥期間每天應攝入不低於 60 克的蛋白質

NOTE!

要保證每天能夠攝入充足蛋白質

選擇哪些蛋白質才好

蛋白質食物的推薦選擇

I. 雞蛋

雞蛋無疑是最「抵食」的蛋白質來源。一個完整的雞蛋含有人體必需的所有氨基酸，而且，蛋黃也是少有的含有維生素 D 的食物之一。另外，蛋黃中還含有兩種紅蘿蔔素：玉米黃質和葉黃素。這兩種紅蘿蔔素可以很好地保護我們的眼睛，降低患白內障和黃斑變性的風險。

II. 肉類

來源於牛肉、豬肉、羊肉、雞肉等陸地肉類的蛋白質，也是人體非常容易吸收利用的優質蛋白質。這類蛋白質中的亮氨酸、異亮氨酸、纈氨酸等合稱為支鏈氨基酸，對肌肉的生長和維持起着至關重要的作用。沒有必要一定選擇純瘦肉，相反，我更建議選擇肥瘦相間的肉。因為肥瘦相間的肉，不僅味道更香，而且能幫助補充人體必需的脂肪酸，營養更全面。

III. 海鮮

海鮮也是富含蛋白質的食物寶庫。常見的魚、蝦、貝類等海鮮中，就含有不少蛋白質。海鮮的必需氨基酸佔比比肉類還高。雖然貝類的蛋白質含量比肉類和魚類低，但其必需氨基酸的佔比卻很高。所以，想補充蛋白質，蝦、蟹、魚、貝等海鮮食物都是完美的選擇。除了海鮮，很多人愛吃的大閘蟹的蛋白質含量也很高。

IV. 奶製品

奶製品也是很好的蛋白質來源。例如奶酪除了富含蛋白質，還含有大量的鈣。每 100 克的奶酪中，平均含鈣量高達 700 毫克，相當於 1 升牛奶或 2 升豆漿的含鈣量。

蛋白質是力量的源泉，也是減肥的根基，建議你每天都攝入優質蛋白質。

NOTE!

優先選擇營養更加全面的蛋白質

milk

法則
4

吃對讓你變瘦的膳食脂肪

燃燒身體脂肪，打造女神體態

❶ 重新和膳食脂肪做朋友

說到肥胖，給人印象最深刻的可能就是膳食脂肪了。自從 20 世紀 80 年代以後，膳食脂肪就一直背負着不好的名聲，甚至被妖魔化，讓人避之不及。但事實上，隨着時代與科學的進步，膳食脂肪也開始逐漸被科學正名。有益的膳食脂肪不但不會導致我們發胖，而且還是維繫我們健康的關鍵。

膳食脂肪除了帶給我們美味，還帶來非常多的益處。對於愛美的女性而言，攝入好的膳食脂肪是令你有女神般豐盈亮麗的頭髮、水潤亮澤的皮膚。

同時，膳食脂肪支持着大腦和肝臟等各個重要器官多種功能的運轉，還是製造身體代謝所需的各種激素的原料之一。膳食脂肪在調節自身免疫力等方面也發揮着重要的作用，其中就包括幫助身體吸收維持生命運轉的維生素。

維生素大致分為兩大類：水溶性維生素和脂溶性維生素。水溶性維生素，即能溶解在水中的維生素。但是，因為人體無法長時間保留它們，所以就需要經常補充，例如 B 族維生素和維生素 C。而脂溶性維生素只有在脂肪的環境中才能被溶解和消化。脂溶性維生素包括維生素 A、D、E、K，它們在幫助我們構建肌肉、骨骼，抵抗炎症和抗氧化等方面發揮着重要的作用。長期低脂飲食的人很容易缺乏脂溶性維生素。

好的膳食脂肪不僅能夠幫助我們加速新陳代謝，促進脂肪燃燒，還有助於預防糖尿病、癌症、心腦血管疾病，以及抑鬱症等神經性疾病。所以想成功減肥，並不是要摒棄膳食脂肪，而是要學會選擇好的膳食脂肪。

NOTE!

有益的膳食脂肪是維繫健康水平和成功減肥的關鍵

❷ 膳食脂肪的分類

要選擇好的膳食脂肪，首先需要了解甚麼是膳食脂肪。像大家經常吃的食用油、大部分肉類食物，其實都是膳食脂肪的來源。這些食物被吃進身體後，會分解成脂肪酸。根據食物來源不同，脂肪酸大致可分為飽和脂肪酸和不飽和脂肪酸。一般來説，在常溫狀態下，比較容易凝固的，是飽和脂肪酸含量高的膳食脂肪；一直保持液體狀態的，則是不飽和脂肪酸含量高的膳食脂肪。

我們日常生活中吃的食用油，都是由不同的脂肪酸混合而成的。比如牛油，它大部分的成分是飽和脂肪酸，而不飽和脂肪酸只佔一小部分，所以我們通常習慣稱它為飽和脂肪酸。

飽和脂肪酸由於在分子結構上沒有與氧氣結合的地方，也就是沒有間隙，處於一個飽和的狀態，所以它是最穩定，且不容易氧化、煙點最高的一種膳食脂肪。這種類型的膳食脂肪，非常適合香港人喜歡的「有鑊氣」的高溫爆炒等烹飪方式。

不飽和脂肪酸在結構上存在飽和脂肪酸沒有的雙鍵結構，雙鍵結構越多，就代表其越容易被空氣中的氧氣氧化，尤其在高溫加熱的狀態下，非常容易產生有害物質。而根據雙鍵結構的個數不同，不飽和脂肪酸分為，僅存在一個雙鍵結構的單不飽和脂肪酸，和存在多個雙鍵結構的多不飽和脂肪酸。單不飽和脂肪也叫 ω-9 脂肪酸，多存在於橄欖油、牛油果和堅果中。此類膳食脂肪對人體膽固醇水平、胰島素水平和血糖水平的調節大有益處。

多不飽和脂肪酸是人體必需脂肪酸，通常分為 Omega-6 脂肪酸和 Omega-3 脂肪酸兩類。前者主要來源於大豆油、玉米油等植物油；後者則多存在於冷水多脂魚中。

除了飽和脂肪酸和不飽和脂肪酸，還有一類含有一個或多個反式雙鍵結構的脂肪酸，它就是臭名昭著的反式脂肪酸。反式脂肪酸大量存在於加工食品中，它不僅會導致我們發胖，還會對身體造成很大的健康損害，這是我們最應該避免食用的一類膳食脂肪。

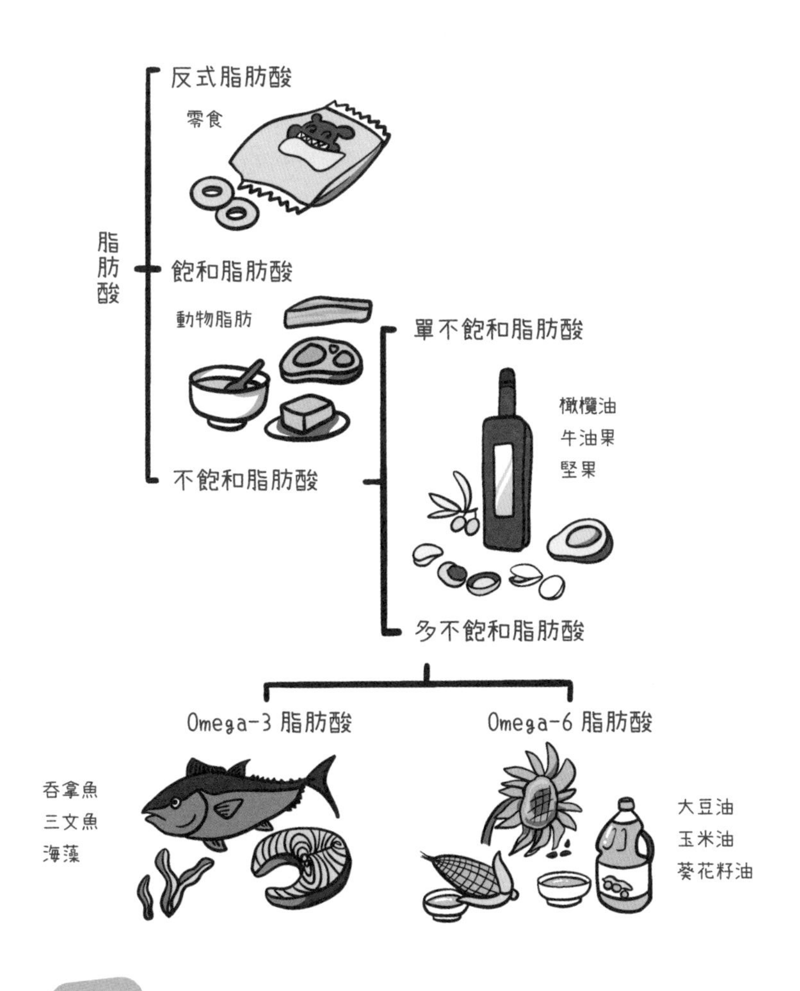

NOTE!

了解脂肪酸的種類，才能更好地選擇油脂

多吃這些讓你變瘦的膳食脂肪

❶ 有利於減脂的好脂肪——Omega-3 脂肪酸

想更好地減脂，我們應該在日常餐飲中多攝入 Omega-3 脂肪酸。大量的研究已經證實了 Omega-3 脂肪酸的益處，它能保護我們遠離心臟病、降低血脂、預防癡呆、緩解抑鬱症、改善類風濕性關節炎，等等。同時，它還有抑制炎症、促進代謝的作用，所以它也被稱為「瘦身之油」。

對於愛美的女性來說，Omega-3 脂肪酸還能幫助調節激素平衡、抑制皮膚炎症，以及從內部預防痤瘡、改善皮膚紅腫和粗糙等問題。所以，想使皮膚保持光滑緊致的狀態，Omega-3 脂肪酸是為數不多的較好的膳食脂肪選擇之一。而大多數女性都存在 Omega-3 脂肪酸攝入嚴重不足的情況，尤其是常年居住在內陸的人群。

Omega-3 脂肪酸是人體必需的脂肪酸，主要包含三種脂肪酸：ALA（α- 亞麻酸）、EPA（二十碳五烯酸）和 DHA（二十二碳六烯酸）。

ALA 屬於中鏈 Omega-3 脂肪酸，主要存在於亞麻籽、奇亞籽、核桃和菜籽油中，綠葉蔬菜中也含有少量 ALA。相較於 ALA 來說，長鏈 Omega-3 脂肪酸的 EPA 和 DHA 更有益於人體。有研究表明，EPA 和 DHA 攝入量較高的人群，患心臟病、糖尿病和肥胖症的風險較低。而 EPA 和 DHA 最佳的飲食來源是冷水多脂魚，例如沙丁魚、鯖魚、三文魚、鳳尾魚、吞拿魚（含汞量較高，應避免常食用）和蠔，而草飼的牛羊肉和走地雞的雞蛋，以及蝦、魷魚、貽貝、扇貝等海產品中也含有少量的長鏈 Omega-3 脂肪酸。此外，藻類食物中含有 DHA，它是長鏈 Omega-3 脂肪酸的唯一植物來源。

但由於 Omega-3 脂肪酸屬於不飽和脂肪酸，比較容易氧化，所以像曬魚乾、高溫炸魚、烤魚等食物中的 Omega-3 脂肪酸，其實已經氧化消失得差不多了。所以，我更推薦你吃刺身，或採用蒸、煮、低溫炒和煎烤等方式烹飪的食物。

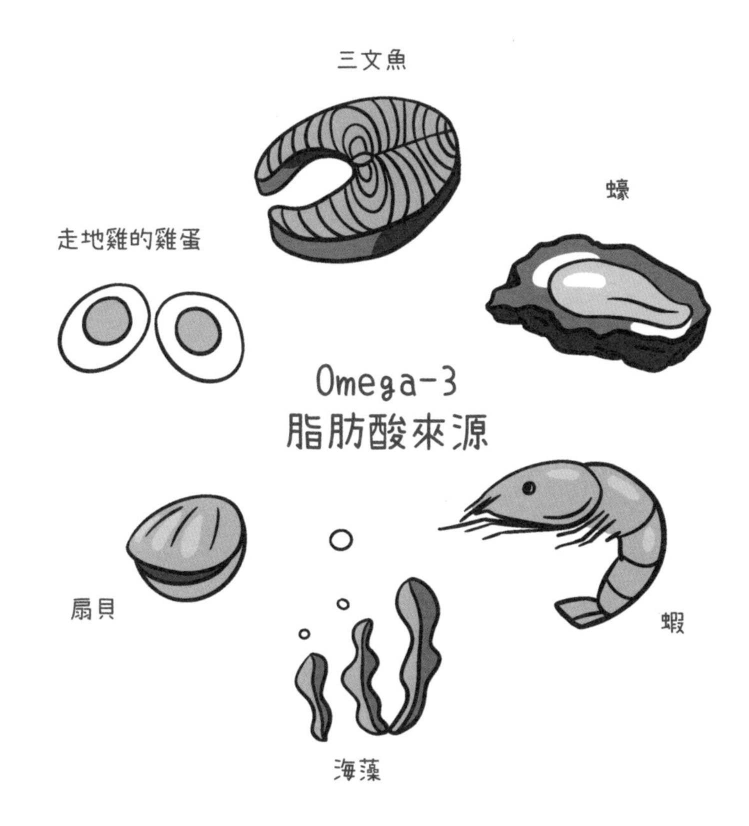

NOTE!

提高人體代謝的技巧，就是積極攝入 Omega-3 脂肪酸

❷ 液體黃金——橄欖油

橄欖油是一種古老的食物，也是公認的健康好脂肪的來源，人們食用橄欖油已經有數千年的歷史。橄欖油中的油酸有助於改善膽固醇水平，提高好膽固醇 HDL 的含量，降低低密度脂蛋白，同時還具有降低血壓、預防心臟病、平衡腸道菌群等諸多益處。

橄欖油最大的特徵，就是它和 Omega-3 脂肪酸一樣具有強大的抗氧化和抗炎症的作用。如果我們體內的炎症水平過高，可能就會影響瘦素的分泌，讓人形成不容易變瘦的體質。橄欖油中的抗氧化成分多來自它含有的維生素 E 和角鯊烯。角鯊烯是一種重要的抗氧化劑，非常適合用於皮膚保養。而維生素 E 具有緩解皮膚乾燥、抗氧化、增強免疫力等作用。

橄欖油的好處很多，但市售橄欖油的精煉度和質量參差不齊。因為橄欖油屬於單不飽和脂肪酸，穩定性不如飽和脂肪酸高，所以當它暴露在光、空氣和過熱的環境中時，就很容易遭到損壞。

在購買時，建議最好選擇特級初榨橄欖油。因為特級初榨橄欖油是未經過精煉的油，而中級初榨、初榨、精煉、混合橄欖油都是精煉過一部分，或全部，或摻雜精煉油的油。而橄欖油的精煉度越高，它的維生素和抗氧化劑含量就會越低。優質的橄欖油可以保留大部分抗氧化劑和維生素 E，這能夠保護它不受適度高溫烹煮的破壞，也就是說，品質高的橄欖油可以用來低溫炒菜。一分價錢一分貨，過於便宜的橄欖油不建議購買，因為廉價的橄欖油中，大多摻雜了大豆油、菜籽油等植物油。

另外，建議選擇裝在深色玻璃瓶中的特級初榨橄欖油。因為這樣的深色包裝，有助於保護橄欖油免受光照氧化的破壞。同時，還要注意正確存儲橄欖油。例如，橄欖油需要存放在陰涼、避免陽光照射、遠離灶台等熱源的地方，以保證橄欖油中的營養成分得到最大保留。

所以，最好多吃些新鮮的特級初榨橄欖油。它不僅有益於健康，還能更好地幫助你減肥。

NOTE!

橄欖油是公認的健康油脂

不可靠的植物油

❶ 讓人肥胖的惡魔——植物油

很多家庭都習慣了購買超市裏的大桶植物油來炒菜，認為植物油比動物油更有利於減肥和健康，但事實真的如此嗎？

事實上，我們常吃的植物油，大部分都是從大豆、向日葵籽、花生、菜籽等種子中提取出來的。原本這些植物中的油脂很少，但要提煉出更多的油脂就需要借助其他方法。

最常用的提取方法就是——浸出。而這個方法需要用到化學溶解劑。例如大豆油，它的提取多採用浸出的方式，後期還需要進行除臭、脫色，才能成為超市裏售賣的清澈透明的食用油。它算是加工度極高的精煉油脂了。前面我們提到過，油的精煉度越高，其中維生素和抗氧化劑的含量就會越低，對健康十分不利。

而且，超市裏常見的植物油都屬於不飽和脂肪酸，而不飽和脂肪酸從分子結構上來說，註定了怕光、怕氧氣、怕高溫，非常容易氧化，發生變質。這些油採用壓榨的提取方式，再加上長途運輸存儲，在整個過程中很容易發生氧化，從而產生有害物質。

另外，很多人用植物油炒菜時，喜歡把油加熱到冒煙再炒。這就使本來不耐高溫的植物油，經過高溫烹飪後，釋放出有毒化學物質醛類。而這些有毒化學物質，與癌症、心血管疾病、癡呆、身體炎症等健康問題息息相關。所以相較於植物油來說，動物油才是更適合烹飪中菜的食用油。

用植物油炒菜並不是健康之選。事實上，植物油是營養價值低的高度加工食品，在減肥期間更要限制食用。

NOTE!

減肥期間，要限制食用高度加工的植物油

② Omega-6 脂肪酸攝入過多，易胖不易瘦

除了生產加工過程的問題，植物油還存在一個最大的問題，就是 Omega-6 脂肪酸的含量太高。雖然 Omega-6 脂肪酸也是人體必需的脂肪酸，但若攝入過量，就會損害身體健康，影響減肥效果。

美國國立衛生研究院超過 10 年的追蹤實驗研究揭示：首先，人體內 Omega-6 脂肪酸的水平越高，長期體重增加的概率就會越高，因為其過量攝入會引起瘦素抵抗和胰島素抵抗，從而使身體變得更加容易存儲脂肪；其次，過多的 Omega-6 脂肪酸還會增加身體的慢性炎症，而炎症不僅會影響瘦素的分泌，還會增加患腦梗死、心肌梗死和癌症等疾病的風險；最後，過多攝入 Omega-6 脂肪酸會導致內源大麻素系統亢進，促使食欲增加，最終造成代謝減慢，想不胖都難。

前面我們說了，如果想瘦下來，必須攝入足夠的膳食脂肪，尤其要多攝入能幫助提高代謝、抑制慢性炎症的富含 Omega-3 脂肪酸的膳食脂肪，例如冷水多脂魚、貝類和藻類等海產品、草飼的牛羊肉，以及散養雞的雞蛋等。

Omega-6 脂肪酸也是必需脂肪酸，我們需要攝入，但一定要注意攝入比例。越來越多的營養學研究發現，Omega-6 脂肪酸和 Omega-3 脂肪酸的攝入比例非常重要，這應該作為我們選擇油脂的重要標準之一。Omega-6 脂肪酸和 Omega-3 脂肪酸的理想攝入比例為 1：1，而比例在 4：1 的範圍內，也是可以的。但事實是，很多現代人都沒有吃魚、貝類和海藻類等海產品及草飼肉類食物的習慣，所以攝入的 Omega-3 脂肪酸就非常少；而在日常生活中，炒菜又使用了含有大量 Omega-6 脂肪酸的植物油，使現代人的 Omega-6 脂肪酸和 Omega-3 脂肪酸攝取比例高達 10：1，甚至 50：1。

再加上現代人的生活節奏快，經常在外面吃加工食品、油炸食品，且隨餐攝入大量的醬料、調味汁等，它們大部分使用了富含 Omega-6 脂肪酸的油脂，導致人們在無形之中攝入的 Omega-6 脂肪酸已遠遠超標。

所以，在平時的飲食中降低植物油和加工食品的攝入量，再積極攝入含有 Omega-3 脂肪酸的膳食脂肪，這樣才能更好地加速減肥。

NOTE!

減少攝入 Omega-6 脂肪酸，同時積極補充 Omega-3 脂肪酸

一定要遠離反式脂肪

警惕肥胖殺手——反式脂肪酸

在眾多的膳食脂肪類型中，百害而無一利的就是反式脂肪酸。

反式脂肪酸也被稱為氫化脂肪，主要指的就是人造反式脂肪酸，是人工對植物油進行氫化，改變其化學結構的一種產物，它更耐高溫，能提高食品的穩定性，延長貨架期，並帶給食品酥脆的口感。因為其價格低廉，有效期又長，所以人造反式脂肪酸深受食品生產商們的喜愛。

但是，人造反式脂肪酸對身體健康危害重重。一九九四年做過一個評估，在美國，人造反式脂肪酸導致每年 30,000 人死於心臟病。二〇一三年，FDA 將其歸為「不安全食品」。除此之外，人造反式脂肪酸還會導致炎症、心臟病、糖尿病、猝死，同時還會增加罹患癌症的風險。

大量攝入人造反式脂肪酸還會導致另一個嚴重後果，就是肥胖！有研究顯示，儘管人們攝入的總熱量並未增加，但是高人造反式脂肪酸的飲食仍然會導致腹部脂肪的堆積和體重的增加。同時，哈佛大學的研究也證明，攝入人造反式脂肪酸會促發肥胖和胰島素抵抗，增加患糖尿病前期和 2 型糖尿病的風險。

但是在我們的生活中，人造反式脂肪酸被食品生產商們廣泛使用，例如植物奶油、人造奶油、咖啡奶精、加工速食食品（薯片、蛋糕、曲奇、餅乾、麵包、薄餅、微波爆谷等），還有冷凍包裝食品以及快餐店的快餐等等。所以，想要避免攝入人造反式脂肪酸，就要學會查看食品的配料表。當配料表上出現以下名詞：代可可脂、植物牛油、植物奶油、氫化油、部分氫化油、起酥油、固體菜油等時，你就要警惕了。

人造反式脂肪酸對健康沒有任何可取之處。所以要健康、要更好地減肥，杜絕攝入含有大量人造反式脂肪酸的加工食品是必須做到的！

反式脂肪酸常存在於加工食品中

NOTE!

減肥一定要杜絕百害無一利的反式脂肪酸

蛋黃才是提高代謝的 Good Friend

雞蛋是朋友還是敵人

雞蛋是一個讓人困惑的食物。很多人認為，雞蛋吃多了，膽固醇水平會升高，容易誘發心臟病。但事實上，食源性膽固醇對血液中膽固醇的影響微乎其微。我們身體中的膽固醇，絕大部分都是身體自主合成的。也就是說，就算你不吃雞蛋，你的身體每天也會幫你合成約 300 毫克的膽固醇。

從早些年開始，營養界就已經為雞蛋「恢復名譽」。二〇一五年，《美國居民膳食指南》撤銷了對膽固醇攝入的限制。日本的膳食攝入標準也早已廢除了膽固醇的攝入上限。

同時，在針對 16 項主要研究進行的大型分析中發現，雞蛋與心臟病患病風險毫無關聯。《新英格蘭醫學雜誌》上的一份詳細實驗報告顯示，一位 88 歲的受試者，在超過 15 年的時間裏堅持每天攝入 25 個雞蛋，其最終的檢查結果證明，這樣的飲食習慣對這位受試者體內膽固醇水平和心臟健康沒有任何影響。

種種研究都揭示了，雞蛋並非我們的敵人，而且也沒有證據證明膽固醇是有害物質。反而事實上，膽固醇能提供代謝所需的各種激素的原料，是提高代謝的好幫手。還有許多研究發現，富含蛋白質和優質脂肪的雞蛋，能抑制食欲，加快代謝速度，有助於減肥。

雞蛋可能是性價比最高的營養來源，尤其是蛋黃。蛋黃中有維生素 B6、維生素 B12、葉酸、泛酸和硫胺素，同時它還是脂溶性維生素 A、E、K、D 的較好來源。而且，蛋黃也是少數含有天然維生素 D 的食物

之一。雞蛋還是膽鹼的最佳來源。膽鹼是保證腦健康、促進細胞膜形成和解毒所需的物質。對於孕婦來說，它還可以幫助預防胎兒在神經系統方面的缺陷。

小小的一個雞蛋，包含了創造新生命所需的所有營養素。所以在減肥期間，應該積極補充全蛋，並且，儘量選擇 Omega-3 脂肪酸含量高的走地雞的雞蛋。

蛋黃是脂溶性維生素 A、E、K、D 的較好來源

NOTE!

雞蛋是性價比最高的蛋白質來源

被誤解多年的食物——豬油

豬油到底健不健康

豬油是父母那一輩小時候經常吃的油脂，但是現在卻成了讓人避之不及的存在。就像被誤解多年的雞蛋一樣，豬油也被人詬病為「飽和脂肪酸含量高，容易造成心血管疾病」。

但是在二〇一八年，BBC 報道的一篇文章中稱，科學家評選了最新的前 100 種最有營養的健康食物，豬油居然位列第八！有些人可能呆了，豬油到底健不健康呢？

事實上，在過去的 50 多年裏，飽和脂肪酸一直都背着導致心臟病的「黑鍋」。然而隨着科學的進步，越來越多的研究證據表明，沒有足夠的證據證明飽和脂肪酸與心血管疾病有任何關聯。長期以來被妖魔化的飽和脂肪酸，實際上對是否易患心臟病沒有任何影響。唯一具有引發心臟病作用的脂肪是反式脂肪酸。

實際上，豬油中富含的飽和脂肪酸在分子結構上十分穩定，不容易氧化，且在提高人體免疫力、增強骨質健康、維持激素水平、降低炎症、減少氧化應激等多個方面都起着重要的作用。豬油除了含有對人體健康至關重要的飽和脂肪酸，還含有大量的單不飽和脂肪酸（與橄欖油一樣）。單不飽和脂肪酸可以幫助改善胰島素抵抗、保護心血管和預防心臟病。

同時，豬油的維生素 D 和膽鹼含量也非常豐富，它還含有增強免疫力、促進傷口癒合及人體生長發育所必需的鋅。而且，豬油中的油酸，

還具有保護胃黏膜、抑制炎症、降低患抑鬱症風險的作用。豬油中所含的油酸是牛油的兩倍！

所以，豬油真的是被誤解多年的健康好油脂呢！

豬油更耐高溫，適合炒菜

豬油含有油酸，具有保護胃黏膜、抑制炎症的作用

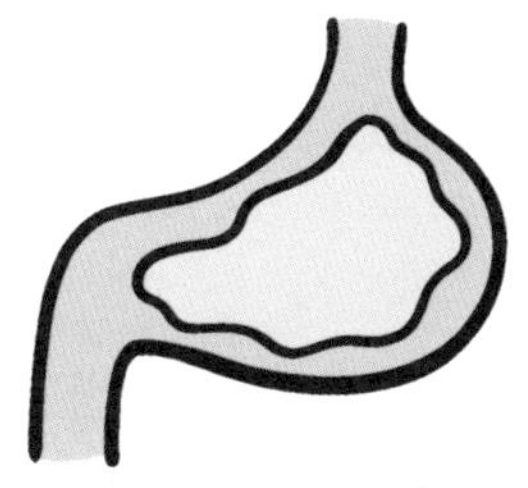

NOTE!

豬油是被誤解多年的健康油脂

七 椰子油有益還是有害

超模都愛的椰子油真的能幫助瘦身嗎

椰子油近些年成為時尚界的新寵，各大明星、KOL 都在極力推薦。但是同時，它也受到了來自各方面的質疑：椰子油真的那麼好嗎？其實，椰子油是少數幾種富含飽和脂肪酸的植物來源之一。它和牛油、豬油等油脂一樣，因為含有飽和脂肪酸，所以被質疑。我們在前面提到過，隨着科學的進步，已經有太多的研究為飽和脂肪酸正名：飽和脂肪酸並不是引發心腦血管疾病的罪魁禍首。

英國最具影響力的心臟病學家 Asem Malhotra 博士就曾公開表示：「椰子油對膽固醇沒有任何不利影響，實際上它還可能幫助改善膽固醇水平。」一項針對太平洋島居民的研究顯示，他們每天從椰子油中攝取相當高的熱量，但是他們的身材卻很纖瘦，也沒有患上心臟病和中風。

事實上，椰子油中的飽和脂肪酸是一種非常罕見也非常有益的類型，被稱為中鏈脂肪酸，簡稱 MCT。MCT 油可以促進你的新陳代謝，幫助消耗更多的熱量，從而減少脂肪的存儲，降低飢餓感。而且，不同於其他的油脂，MCT 油還會對激素水平帶來好的影響，讓我們的精力更加充沛。

在椰子油的中鏈脂肪酸中，約一半成分都是罕見的月桂酸。月桂酸有很好的抗菌作用，可以幫助提高免疫力，降低患心臟病的風險，為大腦、骨骼、新陳代謝等提供「燃料」。

購買椰子油時，應選擇天然有機、冷壓初榨的椰子油，不要選擇精煉椰子油。對精煉油的問題，我們在前面已經詳細講解過。

由於椰子油富含飽和脂肪酸，穩定性很高，不容易氧化，所以非常適合高溫及中溫烹飪，也能配合烘焙使用，賦予食物淡雅的椰香。同時，因為椰子油有很好的抗菌作用，所以它可以直接用來卸妝和護膚，是天然的護膚油。

NOTE!

椰子油有助於減少身體脂肪

糖類 + 脂肪 = 致命組合

1 導致肥胖的終極 Boss

在生活中應該避免食用含有人造反式脂肪酸，以及過高 Omega-6 脂肪酸的食物和油脂。而對於人體來說，許多好的膳食脂肪不僅是維持生命健康以及製造身體所需激素的必需原料，也是幫助我們燃燒脂肪、提高代謝，更快實現減肥目標的必需元素，所以，不能一竹竿打死所有的膳食脂肪。

但是，攝入脂肪仍然是有前提條件的，那就是儘量避免吃糖類 + 脂肪組合食物。我們都知道，過量攝入糖類食物會刺激肥胖激素胰島素的大量分泌，從而促使轉化更多的身體脂肪，導致肥胖。如果在攝入大量糖類食物的同時攝入膳食脂肪，那麼膳食脂肪會和糖類一起變成身體脂肪儲存起來，從對我們有利變成對我們有害。而且，這樣的組合還會引發身體慢性炎症、增加體內的老化物質 AGEs，以及增加患各種疾病的風險。所以，糖類 + 脂肪組合食物，不僅是導致快速肥胖的終極 Boss，還是隱藏在我們身邊的健康殺手。

除此之外，這樣的組合還會抑制身體脂肪的代謝。因為身體會優先進行糖類代謝，因此也就導致了一天之中燃燒脂肪的時間變少，存儲脂肪的時間變多。所以，想要更好地減肥，就要積極地促進脂肪代謝。

需要注意的是，在現實生活中充斥着大量的糖類 + 脂肪組合食物。而且，糖類 + 人造反式脂肪酸，或者糖類 + 大量富含 Omega-6 脂肪酸的油脂，更是導致肥胖和疾病的非常糟糕的組合。

糖類＋脂肪組合食物
會導致身體快速發胖、衰老

NOTE!

糖類＋脂肪組合食物是快速發胖的罪魁禍首

❷ 常見的糖類＋脂肪組合食物

糖類＋脂肪組合食物在日常生活中數不勝數，我們稍不留意就會掉入這個陷阱。

例如生活中常見的麵包、餅乾，正是由含有麩質的小麥粉加上牛油、人造奶油、植物油等製作而成的。尤其是深受女性喜愛的蛋糕甜品，更是超高糖類＋超高脂肪組合食物。還有我們常喝的含糖乳酸飲品，也是糖類＋脂肪組合食物。所以，在選擇乳酸飲品時，我建議購買無糖全脂。愛吃堅果的人也應該注意，本來堅果當中包含有益健康的營養素與天然未精煉的油脂，但是如果在平時的飲食中已經多吃糖，若再攝入過量的堅果，也會導致肥胖。

除此之外，碟頭飯、意大利麵、薄餅、裹着厚厚麵粉並淋上含糖醬汁的炸雞等常見快餐，也都是經典的糖類＋脂肪組合食物。在快餐店裏使用的，多是富含 Omega-6 脂肪酸的植物油，或含有便宜的人造反式脂肪酸的油脂。這種油脂絕不健康。另一個需要注意的問題是，烹飪時用的調料與食材一起，比如加了糖的紅燒肉、抹了含糖醬汁的烤肉和放了糖調味的炒菜等，也構成了容易被人忽視的糖類＋脂肪組合食物。

事實上，在超市貨架上售賣的各種加工食品都是催胖組合食物。只要簡單地查看一下食品配料表就不難發現，除了其中各式各樣的添加劑，糖類、反式脂肪酸或植物油都是配料表中的主要配料。

雖然糖類＋脂肪組合確實能給食物增添美味，但是同時它們也增加了人們肥胖的概率以及患病的風險。所以，如果你攝入了大量的糖類，那麼就要避免再攝入較多脂肪。同樣，如果你的飲食中增加了健康脂肪的攝入，那麼就必須控制和減少糖類的攝入。所以，真正可怕的讓人發胖的不是脂肪，而是糖類＋脂肪組合食物！

常見的糖類 + 脂肪組合食物

麵包、餅乾
（小麥粉加上奶油、人造奶油、植物油）

精美的蛋糕等
（超高糖類 + 超高脂肪）

碟頭飯、意大利麵、薄餅等
常見快餐也都是經典的糖類
+ 脂肪組合食物

NOTE!

要避免生活中常見的肥胖組合食物

九 油脂烹飪方式的選擇

正確用油同樣重要

膳食脂肪的來源多種多樣，你要盡一切可能使身體獲取優質的膳食脂肪。這一點至關重要。同樣重要的是，你需要學會正確使用這些優質的膳食脂肪。

常用的食用油分低、中、高三種煙點。煙點是指油開始分解成甘油和游離脂肪酸的溫度，也就是我們常見的油開始冒煙的溫度。當油加熱到煙點時，油就開始被破壞，而食用過多被破壞的油，就會導致人體出現氧化應激。值得注意的是，不同種類的油，煙點各不相同。所以，烹飪時的溫度最好低於煙點 6℃～15℃，這一點非常重要。在實際操作中，只要注意不要把油加熱到冒煙即可。

I. 煙點低的油類

適合燉煮、涼拌或者做沙律的調味汁，例如核桃油、亞麻籽油、魚油等。

II. 煙點中等的油類

適合日常的中低溫烹飪，比如烘焙、烤箱烤、中低溫煸炒、不到煙點的快炒，它同樣也適合涼拌或做調味汁使用，例如特級初榨橄欖油、特級初榨椰子油、牛油、豬油等。

III. 煙點高的油類

相對能承受更高的溫度，適合大火爆炒、燒烤、油炸等烹飪方式，例如牛油、紅棕櫚油、酥油、牛油果油等。

在減肥期間，應避免攝入富含 Omega-6 脂肪酸，同時在加工過程中容易發生氧化及化學性質不穩定的油脂，例如大豆油、玉米油、菜籽油、花生油、葵花籽油、葡萄籽油、紅花油、人造牛油、調和油，以及含有人造反式脂肪酸的油。

NOTE!

正確選擇烹飪用油非常重要

milk

法則

5

水果、蔬菜
生來不平等

小心水果代餐，讓你越減越肥

1 水果的另一面

一提到減肥，很多人都會想到水果減肥法，認為水果和蔬菜一樣低熱量又健康。但事實是，這種減肥方法可能會讓你越吃越胖。

說到水果，很多人下意識地認為它們營養豐富，非常健康。但人們往往忽略了水果的另一面。水果與蔬菜最大的不同就在於，水果的含糖量非常高。也正因為如此，水果會比蔬菜吃起來更加甜美可口。所以，在人們把水果與蔬菜相提並論時，往往會無意識地吃更多水果，而不是蔬菜。

我們都知道，糖類食物導致人發胖，但卻常常忽略了來自生活中常吃的水果的含糖量。世界衛生組織規定，每人每天攝入的糖不應該超過 25 克。如果換算成方糖，大約是 6 顆方糖的量。

一罐可樂含糖量是 7 顆方糖，而一根香蕉的含糖量就已經達到了 4.5 顆方糖。也就是說，兩根香蕉的含糖量就已經超過了一罐可樂。我們常吃的一個中等大小的蘋果含糖量是 6 顆方糖，一瓣西瓜的含糖量是 4 顆方糖，一個橙的含糖量是 5.5 顆方糖，一串葡萄的含糖量是 5 顆方糖……遠遠不止這些。所以，如果選擇用水果來當代餐，那麼一天之中攝入的糖無疑會嚴重超標。

水果不止含有葡萄糖，還含有一種叫果糖的單糖。果糖這個名字乍聽感覺很健康，但實際上，它對人體的危害性很大，而且還更加容易催肥。果糖與葡萄糖的代謝模式不同，果糖和酒精一樣直接在肝臟中代謝而不會影響血糖，但是過量的果糖會引發肥胖和內臟脂肪增加，導致非

酒精性脂肪肝，以及增加患痛風、心臟病、高血壓的風險，還會加劇胰島素抵抗。

還有一個問題，果糖能繞開負責管理飢餓反應的下丘腦的調控，也就是說，即使你吃了很多，也不會有飽的感覺，所以極易引發暴飲暴食，自然也就越吃越胖。

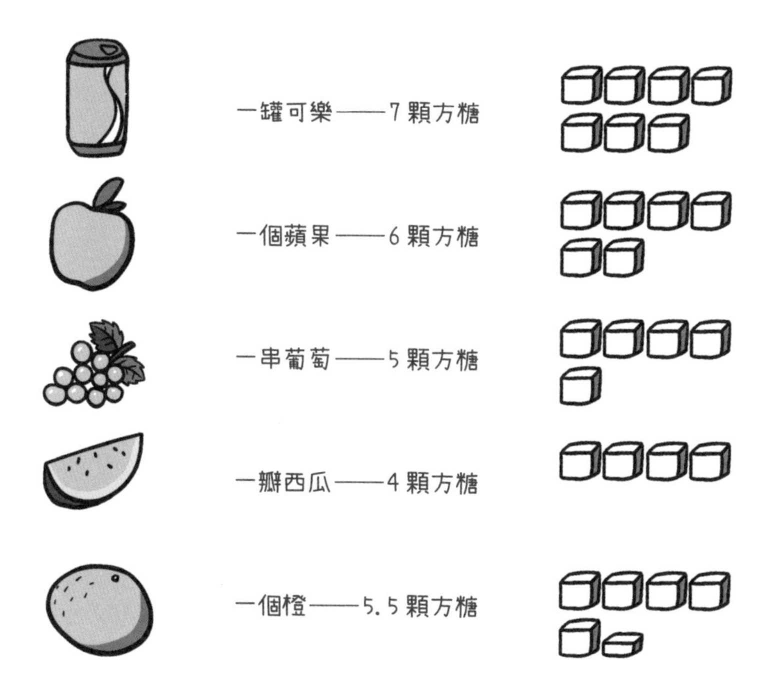

NOTE!

人們常常忽略生活中常見水果的含糖量

❷ 正確選擇水果

在減肥期間並不是不能吃水果，而是要正確選擇水果，並且控制好攝入量。現在的水果因為種植改良的原因，普遍變得比以前的水果要甜好幾倍，因為只有更甜的品種才能賣得更好。

所以在選擇水果時，應該更加注意，避免攝入高糖的水果，尤其在減肥期間。以下給大家一些關於選擇水果的建議，請見右圖。

除了水果，還有一類食物是一定要避免的，就是加工類水果製品，例如果脯、果醬、果泥、水果罐頭、水果乾等，這種加工類水果製品的含糖量會比水果本身還要高。所以如果選擇水果，儘量選擇完整的新鮮水果。

而且，哪怕是含糖量低的水果，也不能無限量地吃，每天攝入的水果量不應該超過一個拳頭的大小。在減肥期間，適量進食低糖水果才是正確的減肥方式。

儘量選擇含糖量低的水果

含糖量低的水果：
牛油果、藍莓、黑莓、士多啤梨、
檸檬、覆盆子、西梅、李子、葡萄柚

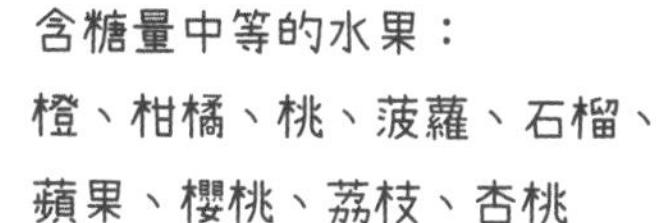

含糖量中等的水果：
橙、柑橘、桃、菠蘿、石榴、
蘋果、櫻桃、荔枝、杏桃

含糖量高的水果：
葡萄、香蕉、芒果、大棗、
柿子、木瓜、雪梨、西瓜、
哈密瓜

NOTE!

減肥期間要選擇低糖水果，並且控制好攝入量

二 吃水果補充維生素 C？小心得不償失

很多人認為水果富含維生素 C 等各種維生素和礦物質，但忽略了水果同時也含有大量果糖等糖類物質的事實。可是如果不吃水果，我們又該如何補充這些營養素呢？

就拿大家認為水果中富含的維生素 C 來説，如果你想補充維生素 C，蔬菜會比水果來得更有價值。蔬菜中的維生素 C 含量更高，同時果糖含量還非常低。

舉個簡單的例子，成人每天需要大約 77.5 毫克的維生素 C，如果通過水果來補充，你可能需要吃下 18 根香蕉，或 72 顆櫻桃，或 23 個蘋果！通過水果補充維生素 C，可能維生素 C 還沒補夠，水果中的糖就足以讓你長胖了。

如果我們通過蔬菜來補充維生素 C，一天僅需要半個甜椒，或 1/3 個西蘭花，或 1/4 個椰菜就足夠了。相較於吃大量的水果，你僅需要吃一點點蔬菜就能補充人體所需的維生素 C，同時避免攝入過量的糖。

可能你會問，除了維生素 C，水果當中還有其他的礦物質和營養成分呀，那該怎麼辦呢？事實上，很多食物比水果的營養更充足且含糖量更低，例如，黑咖啡中的抗氧化劑是水果的 6 倍還多，蘑菇的含鉀量遠超過香蕉，乾木耳的含鐵量是桃子的 121 倍，紫菜中膳食纖維的含量是常見橙的 36 倍，至於維生素 D 和維生素 K2，在肉、蛋、魚和蔬菜中的含量都要比水果多，同時含糖量更低。

所以，通過水果來補充礦物質、維生素等營養素並不是一個性價比很高的選擇，尤其對於減肥人群。水果和蔬菜並不能夠相提並論，想獲

得更好的減肥效果，少吃水果、多攝入新鮮的蔬菜和優質蛋白質，以及健康的油脂才是正確的方式。

一個人每天需要約 77.5 毫克的維生素 C

通過水果來補充：

18 × ≈ 77.5

72 × ≈ 77.5

23 × ≈ 77.5

or

通過蔬菜來補充：

0.5 × ≈ 77.5

0.33 × ≈ 77.5

0.25 × ≈ 77.5

NOTE!

通過水果來補充營養素是性價比較低的選擇

天然果汁是披着羊皮的狼

❶ 天然果汁其實就是糖水

除了喜歡吃水果，很多女性對果汁也情有獨鍾。事實上，喝果汁還不如吃水果，哪怕是天然果汁，也可以説就是一杯高含糖量的糖水。

試想一下，一口氣吃下 5 個蘋果是件很困難的事，可是把 5 個蘋果榨成一杯蘋果汁喝下去卻輕而易舉。你是否發現，比起吃水果，喝果汁好像更容易？

喝果汁和吃水果完全是兩回事，果汁和水果最大的區別就在於膳食纖維。完整的水果當中所含的膳食纖維能在人體腸胃內增加食物體積，讓你在吃了一定量的水果後有飽腹感，從而不會無休止地吃下去。膳食纖維和水果中的果糖結合，在一定程度上也能幫助減緩果糖吸收的速度。

但是榨汁機會在榨汁的過程中把膳食纖維打碎，尤其是那種可以將果汁和果肉分離的榨汁機，更是過濾掉了所有的膳食纖維，最後榨出來的就是一杯帶有一點微量元素的果味糖水，膳食纖維已經全部「陣亡」。

所以，在你輕鬆喝下四五個橙榨出的橙汁時，也就攝入了更多的糖。一杯 240 毫升的可樂含糖量約 27 克，而同等量的一杯鮮榨蘋果汁就含有 29 克糖，同等量的葡萄汁更是含糖高達 38 克。二〇一四年，在權威醫學雜誌《柳葉刀》上曾刊登過一篇文章《果汁，不過是另一種形式的含糖飲料》，其中闡述了果汁的危害不亞於其他含糖飲料。對減肥而言，果汁中的果糖或葡萄糖，都會導致人更容易發胖。

不僅如此，榨果汁時，榨汁機刀刃的高速旋轉也會加速水果的氧化反應，導致其中的抗氧化劑和維生素 C 大量損失。

比起天然果汁，市售的濃縮果汁或還原果汁更加危險，因為除了加工過程使它們的營養元素所剩無幾，它們還會被額外添加大量糖和食品添加劑。濃縮果汁或還原果汁就是利用健康概念販賣的垃圾食品！

喝果汁意味着攝入更多的糖

240 毫升的可樂
含糖 27 克

240 毫升的葡萄汁
含糖量高達 38 克

240 毫升的鮮榨蘋果汁
含糖 29 克

NOTE!

天然果汁是另一種形式的含糖飲料

❷ 果汁的其他潛在危害

相較於水果，果汁存在的最大問題是，它能讓你更容易吸收更多的糖，而這其中就包括對健康存在很大隱患的果糖。

前面我們了解到，果糖的代謝路徑和酒精一樣，直接在肝臟中代謝，不會引起血糖的波動。但是我們的身體通常會優先消耗葡萄糖，再消耗果糖，當身體還有多餘的葡萄糖時，肝臟就會將大部分的果糖直接轉化成脂肪，送往脂肪組織。所以比起葡萄糖，果糖會更快生成脂肪。在 40 多年前，果糖就被科學家稱為增肥效果最好的糖。

除了讓人發胖，果糖還會造成嚴重的健康問題。當果糖在肝臟中代謝時，會消耗大量的三磷酸腺苷，在果糖激酶的作用下進一步代謝成為嘌呤基，從而產生大量的尿酸。果糖還會導致胰島素抵抗，進一步影響腎臟排出尿酸的功能，也就更加促進了體內尿酸水平的升高，增加患痛風的風險。所以，尿酸高以及痛風的人更不適合喝高果糖的果汁。

果汁更是非酒精性脂肪肝的「隱藏推手」，由於果糖只能在肝臟中代謝，所以一旦攝入過多的果糖，肝臟就會把它轉化成甘油三酯，並以脂滴的形式留在肝臟裏，形成脂肪肝。這也是很多人不喝酒，但一樣會得脂肪肝的原因之一。可以説，果汁是一種喝不醉的酒。

果汁中的果糖還會和人體內的蛋白質發生糖化反應，生成老化物質——糖化終產物（AGEs）。AGEs 不僅會引起皺紋、色斑等皮膚上的老化反應，還會加速身體細胞的老化，造成各種慢性疾病，也使人更容易發胖。

無論甚麼形式的果汁都是偽健康飲品，果汁是不會讓你擁有好身材和好皮膚的。如果實在想吃水果，可以選擇完整的含糖量低的牛油果、藍莓等水果。

果糖存在潛在的健康危害

NOTE!

過量的果糖會帶來許多健康隱患

比水果健康百倍的蔬菜

1 蔬菜，你真的吃對了嗎？

蔬菜是人體獲取抗氧化物質、維生素和礦物質的重要來源。攝入充足的蔬菜與攝入優質的肉類、海鮮、健康的油脂同樣重要。一般來説，你可以不受限制地食用蔬菜。世界衛生組織推薦每人每天應攝入 400 克以上的蔬菜。想要通過蔬菜更好地補充營養，我們要大致了解蔬菜的種類。蔬菜可分為三類，不含澱粉的綠葉瓜果類蔬菜、海洋類蔬菜和根莖澱粉類蔬菜。

I. 綠葉瓜果類蔬菜

綠葉瓜果類蔬菜是維生素 C、E、K 及 B 族維生素和葉酸的絕佳來源，同時這類蔬菜還富含鐵、鈣、鉀、鎂等礦物質以及類紅蘿蔔素和葉黃素等抗氧化物質。所以，平時應盡可能多吃這類蔬菜，如白菜、椰菜、芹菜、生菜、紫甘藍、通菜、西蘭花、菜花、青瓜、絲瓜、翠玉瓜、秋葵、苦瓜、芥蘭等。這類蔬菜基本不含澱粉，在減肥期間可以放心多吃。

II. 海洋類蔬菜

眾所周知，海洋類蔬菜富含碘，也含有大量的鈣、鉀、鈉、鐵、鉻和銅。除此之外，海洋類蔬菜也是 B 族維生素和 Omega-3 脂肪酸的優質來源。生活中要注意增加攝入這類蔬菜，如海帶、紫菜、海白菜、海苔等。

III. 根莖澱粉類蔬菜

這類蔬菜往往含有比其他蔬菜更多的澱粉，同時也是類紅蘿蔔素、維生素 C、B 族維生素、維生素 K 和礦物質的很好來源，所以，在減肥期間用這類蔬菜代替高升糖的米麵充當優質主食再好不過。這類蔬菜包括紅薯、紫薯、藕頭、芋頭、山藥、紅蘿蔔、蘿蔔、南瓜、馬蹄、薯仔等，因為它們含較多澱粉，所以在減肥期間並不建議大量食用，替換主食佔每餐的 30% 就可以了。相比於其他根莖澱粉類蔬菜，南瓜的澱粉含量較低，可以優先選擇。

減肥期間，優先選擇綠葉瓜果類蔬菜和海洋類蔬菜，適量攝入根莖澱粉類蔬菜。

每人每天應攝入 400 克以上的蔬菜

NOTE!

蔬菜是人體獲取抗氧化物質、維生素和礦物質的重要來源

❷ 選擇有機蔬菜真的有必要嗎

攝入新鮮蔬菜時，除了要注意種類和數量，蔬菜的質量也同樣非常重要。我們在逛超市的時候，經常會看到有專櫃售賣有機蔬菜（Organic Food），而且有機蔬菜的價格比普通蔬菜更高。這代表有機蔬菜更好嗎？

許多媒體都曾報道，購買有機蔬菜是在交「智商税」，有機蔬菜並不會比普通蔬菜更有營養。事實上，大部分媒體的報道都源自二〇一二年史丹福大學評估了 240 項研究後得出的兩個結論：一、沒有足夠的證據表明有機食品比普通食品更有營養；二、吃有機食品能減少農藥和耐藥性細菌的暴露風險。顯然，媒體忽略了同樣重要的第二個結論。

事實上，有機食品的主要特點來自生態良好的有機農業生產體系。有機食品的生產和加工，意味着不使用化學農藥、抗生素、化肥、化學防腐劑等合成物質，也不使用轉基因工程生物及含轉基因成分的產物。而非有機種植的農作物存在農藥殘留超標的概率是有機種植的 4 倍以上。

而農藥、化肥等環境毒素會造成人體免疫系統出現紊亂，也會損傷腸道，造成腸漏症，同時還會干擾身體的激素水平，使健康受損。

食品的營養多取決於農作物生長的土壤質量，而現代大規模使用化肥、農藥、抗生素等的工業化種植使土壤中的營養素和微生物正在逐漸消失。事實上，根據檢測結果發現，50 年前用傳統方法種植的蔬果比現在的蔬果某些礦物質含量高出了 75%。有機農業則比非有機農業更加注重土壤的保護措施以更好地維持土壤的生命力。

無論從健康還是從減肥角度來説，減少接觸農藥等環境毒素是十分必要的，而最簡單的方法是儘量購買有機食品。相較於未來把錢花在買保健品，現在把錢花在健康的飲食上更為值得呢！

NOTE!

有機食品農藥殘留會更少，對人體更健康

減肥助推劑——膳食纖維

到底甚麼是膳食纖維？

一說健康和減肥，我們總會提起膳食纖維，到底膳食纖維是甚麼呢？膳食纖維其實是一種人體無法消化的複合碳水化合物，廣泛存在於蔬菜、水果、穀物中。膳食纖維與能夠被人體快速吸收的簡單碳水化合物（含有糖和澱粉的糖類食物）不一樣，它無法被人體分解，不能給人體供能，當然也不會引起血糖的波動。

看上去沒有價值的膳食纖維事實上發揮着非常重要的作用。正是因為膳食纖維無法被人體消化，所以可以充當腸道的「清道夫」，幫助排出體內的廢物，改善便秘。膳食纖維還能減緩食物消化的速度，幫助我們控制血糖、降低血脂和維護腸道健康，降低患糖尿病、心臟病、結腸癌的風險。膳食纖維還有助於延長飽腹感、降低食欲，促進減肥。

世界衛生組織這樣建議：成人每天應補充不低於 25 克的膳食纖維。而膳食纖維最好的來源是天然美味的食物，例如全穀物的粗糧、豆類、蔬菜、堅果、菌菇等。但是通過粗糧和豆來獲取膳食纖維的同時，也會攝入過多的糖類物質，所以在減肥期間，我們應該選擇含糖較少且含膳食纖維較多的食物，例如奇亞籽、大杏仁、黑朱古力、牛油果、豆芽、紫菜、木耳、海帶等。

膳食纖維分為兩種類型，即非水溶性膳食纖維和水溶性膳食纖維。非水溶性膳食纖維就是我們常說的粗纖維，它增加食物體積，有助於排便，但口感較為粗糙，例如小麥麩皮；而水溶性膳食纖維能溶於水，會在大腸中發酵成為益生元，為腸道中的菌群提供大量的營養，促進腸道健康，而且它的口感較好。

很多人都選擇進食較有口感的非水溶性膳食纖維，而忽略了價值更大的水溶性膳食纖維。事實上，在減肥期間應該多補充水溶性膳食纖維，例如綠葉瓜果類蔬菜和菌菇、堅果等就是水溶性膳食纖維較好的來源。

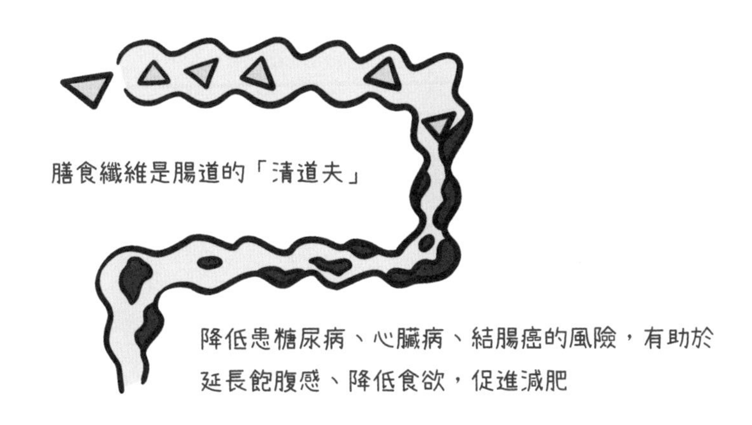

減肥期間富含膳食纖維的食物推薦

NOTE!

世界衛生組織建議：成人每天應補充不低於 25 克的膳食纖維

Milk

法則 6

喝飲料、吃零食也不會胖的秘訣

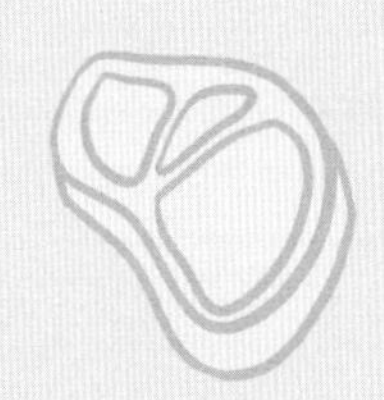
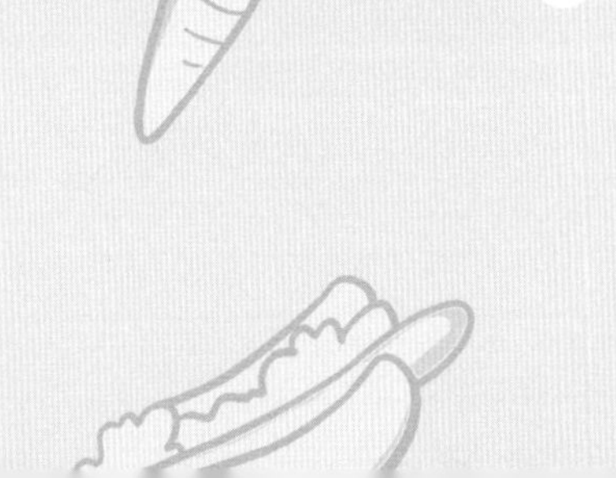

零卡飲料真的不會讓人胖嗎

別對零卡路里飲料掉以輕心

隨着越來越多的人開始關注糖的問題，食品生產商推出了使用代糖來取代普通糖的無糖食品，比如深受減肥人士喜愛的 Coke Zero、無糖飲料。但是這些聲稱零熱量的飲料真的能幫助我們減肥嗎？

零卡飲料中使用的代糖通常是人造甜味劑，例如糖精、安賽蜜、阿斯巴甜、三氯蔗糖等，這些人造甜味劑熱量極低，也不會引起血糖上升，乍看之下是肥胖人士的救星。但是，人造甜味劑並不是天然形成的，而是化學加工而來。它們的甜度很高，是普通蔗糖的幾百倍，加上製作成本非常低，所以很受食品生產商的歡迎。

人造甜味劑不含糖，也無法像普通的糖一樣刺激大量的多巴胺分泌，從而使人產生滿足感，所以吃人造甜味劑無法滿足人對糖的渴望。但人造甜味劑的甜度比普通的糖要高，長時間接受高甜度的刺激，會使人對甜的食物產生依賴，而甜的食物當中不只有人造甜味劑，還有普通的糖，普通的糖會刺激食欲，導致人對甜味上癮，即俗稱的糖癮。所以，雖然人造甜味劑不直接刺激多巴胺分泌，但會使人攝入更多的甜食，食欲越來越旺盛。

攝入過多的人造甜味劑還會改變人體腸道的微生物環境，破壞身體的激素水平，增加代謝負擔，導致肥胖。其中的三氯蔗糖還有可能導致肝臟和腎臟炎症，安賽蜜還會讓人產生噁心的感覺和情緒問題。人造甜味劑和普通的糖雖然通過不同的方式代謝，但一樣會對糖尿病等代謝疾病及肥胖產生負面影響。人造甜味劑不僅用於零卡飲料中，還廣泛用在酒類、零食、調味料中。

相較於人造甜味劑，天然甜味劑更好。例如，從植物中提取的甜葉菊、羅漢果甜苷、赤藻糖醇等。但無論甚麼形式的代糖，都無法幫你更好地擺脫糖癮。

NOTE!

人造甜味劑無法讓你擺脫對糖的依賴

見字飲水，更快減到肥

1 水是最重要的飲品，沒有之一

對人體而言，最重要的是氧氣，其次是水。我們的生命仰仗於水，人體 50%～70% 都是水，佔體重的一半以上。人在缺水的狀態下，連一星期都捱不過去。水比食物還要重要。

水是體內物質通過血液傳輸轉運的主要介質，在維持呼吸、新陳代謝、排泄分泌物和維繫神經系統健康方面起着重要作用。研究表明，每天攝入足量的水，結腸癌發病率降低 45%，膀胱癌發病率降低 50%，女性高發的乳腺癌發病率降低 79%。輕度至中度缺水，是多重疾病的促發因素，所以水對健康至關重要。

水對減肥的影響也非常大。我們在前面講過，錯誤的減肥方法往往會限制你的進食量和飲水量，從而使你快速看到減肥效果。但我們要減掉的是身體脂肪而不是水分，限制飲水的減肥方法會影響身體的正常運轉代謝，形成易胖體質。

並且，很多人貪吃易餓實際上是一種缺水型飢餓。在通常情況下，當身體缺水時，你會感覺疲憊、能量不足，大腦有時候會把「渴」當作「餓」，因此你很容易因「假飢餓」而進食。有些人明明吃過午飯，下午卻容易出現餓得胃痛的情況，這種飢餓痛通常也是身體發出的缺水信號。

想判斷自己是否是缺水型飢餓最好的辦法就是，當你在兩餐之間感到飢餓想要進食時，不妨先喝一杯水，等 10～20 分鐘後，再判斷自己到底是飢餓還是口渴。

另外，如果處於長期的缺水狀態，肌肉和脂肪細胞的燃脂效率會下降，引起便秘、關節炎、三高以及背痛、心絞痛、偏頭痛等疼痛症狀。攝入充足的水對減肥和健康同樣重要，所以「見字飲水」吧！

NOTE!

缺水也會導致嘴饞易餓

❷ 你需要多少水

一般來講，大多數人的日均飲水量都是不夠的。可以通過兩個常見的方法判斷你是否缺水。

I. 檢查你是否經常感到口渴

當你感到口渴時，往往意味着你已經缺水好一陣子了。口渴是身體在提醒你已經太久沒喝水了。

II. 檢查你的尿液

排尿時，尿液如果呈現淡黃色，則表明你體內有充足的水分；如果尿液變成深黃色或者尿液很少，則意味着你缺水了。當然，需要排除因用藥導致的尿液顏色變化。

一般情況下，我們的身體每天需要 1500～2000 毫升水。而實際飲水量則取決於你的年齡、健康狀況、活動強度、生活環境，以及你的飲食習慣等。例如，每運動 15～20 分鐘需要額外補充 170～350 毫升水。如果運動量較大，還要根據情況適當補充電解質，防止電解質失衡。

補水的最佳方法就是喝白開水或者礦泉水，而不是喝飲料、咖啡、蘇打水、果汁等。其實，當你渴了，你唯一需要的飲品就是水。

當然也不能過度飲水，尤其是不要在短時間內猛喝太多的水。通常情況下，建議每小時的飲水量不要超過 1000 毫升。飲水最好選擇少量多次的方式。短時間內大量飲水會造成電解質失衡。適度、科學地喝水才是正確的喝水方式。

NOTE!

當你渴了，身體唯一需要的是水而不是飲料

這些天然抗氧化飲料讓你越喝越瘦

1 喝咖啡幫助減肥

如果你真的愛喝飲料，那就喝杯咖啡吧。咖啡是上班族和學生喜愛的飲品之一。事實上，它還真有減肥的作用。

有研究顯示，咖啡因可使人體新陳代謝率提升 3%～11%，而這部分提升大多都是由脂肪燃燒帶來的。還有一項研究顯示，咖啡會使肥胖人群的燃脂率提高 10%，使較瘦人群的燃脂率提高 29%。運動前來杯咖啡，可以提高燃脂效果。用咖啡替代含糖飲料是非常好的減肥選擇。

除了幫助燃脂，咖啡還有改善便秘的好處。咖啡裏的咖啡因對部分便秘人群來説是非常有效的。同時，咖啡裏還含有少量的水溶性纖維，也能夠幫助改善腸道菌群，從而解決便秘問題。

另外，咖啡在烘焙過程中會產生大量的抗氧化物質，如多酚類、咖啡醇、綠原酸等，這些抗氧化物質可以幫助我們消除自由基，達到延緩衰老的目的。

綠原酸還有一定的控制血糖、減少肥胖激素胰島素分泌的作用。當你偶爾聚餐要吃甜食或者其他糖類食物時，來一杯咖啡，可以或多或少地幫助你控制一下血糖的飆升。

咖啡美味又減脂的前提是，挑選品質好、低黴菌的咖啡。超市貨架上的速溶咖啡裏有大量的人造反式脂肪酸、糖和添加劑，不僅不能幫助減脂，還會導致發胖。同樣，含有大量糖和添加劑的咖啡飲料也不能被

認為是對減肥有益的飲品。最好的選擇是咖啡館的普通美式咖啡，或者自己研磨咖啡豆沖泡的咖啡，或者直接買磨好的掛耳咖啡。

最後還需要提醒大家，下午 3 點以後最好不要喝咖啡，因為可能會影響晚上的睡眠質量。而且，咖啡有利尿的作用，喝咖啡後要注意補充水分。

NOTE!

用美式咖啡替代含糖飲料是非常好的選擇

❷ 減脂抗氧化的大眾飲品——抹茶

不喜歡喝咖啡？沒關係，抹茶也是減肥時期的好選擇。真正的抹茶絕對是幫助減肥的好幫手，只可惜市面上的抹茶產品大都是和糖類物質混在一起的，再多的好處也抵消不了糖、人造反式脂肪酸和添加劑對健康的傷害，所以我建議你自行購買有機抹茶粉進行沖泡，既省錢，又能避免攝入各種添加劑。

事實上，抹茶不僅富含多種氨基酸、維生素和鉀、鈣、鎂、鐵、鈉等礦物質，而且它還能提供非常豐富的抗氧化物質。抹茶中的抗氧化物質是枸杞子的 6 倍，藍莓的 16 倍，菠菜的 125 倍。

其中一種抗氧化物質兒茶素，已經被證明能夠顯著提高血液中的 CCK 含量。CCK 就是膽囊收縮素，一種強大的飽足激素。當我們吃的食物經過消化到達小腸時，CCK 就開始分泌，刺激下丘腦產生飽足的感覺，從而防止過度進食。將含糖飲料換成抹茶飲品，能很好地刺激體內 CCK 的分泌。

不僅如此，抹茶中的 L- 茶氨酸是一種獨特的氨基酸，這種氨基酸與增強專注力、創造力、認知力和記憶力有關。有相關實驗發現，僅 4 克抹茶粉就可以有效增強受試者的反應力、注意力和記憶力。抹茶是非常適合上班族和學生的健康減脂飲品。

除了抹茶，綠茶也是值得推薦的健康飲品。綠茶中的生物類黃酮消滅自由基的能力是維生素 E 的 25 倍，維生素 C 的 100 倍。不過，相較於僅用水沖泡茶葉的綠茶，能喝下更多研磨碎茶葉的抹茶會更好。

不管是哪種茶，飲茶都需要適量，每天飲用 1～2 杯即可。大量飲茶同樣可能會帶來潛在的健康風險。最後提醒大家，茶也具有利尿的作用，飲茶時應該注意額外補充水分。

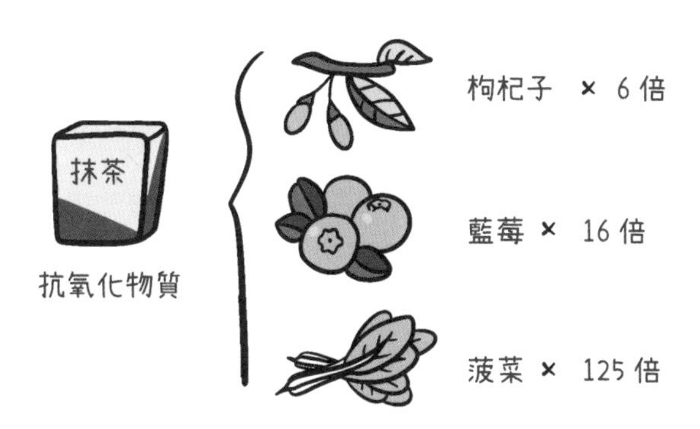

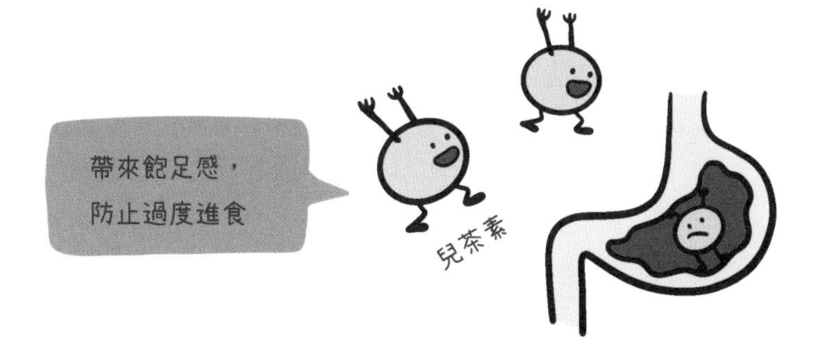

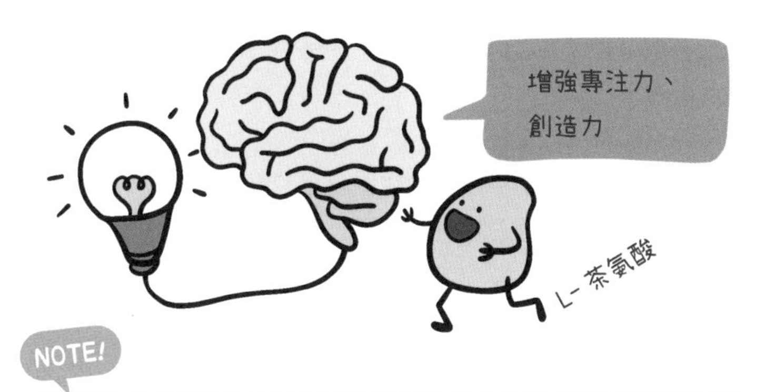

NOTE!

抹茶是上班族和學生在減肥時期很好的選擇

減肥不用放棄朱古力

讓人愛不釋手的抗衰老食材

無論是冬日暖暖的熱朱古力飲品，還是由可可豆製作的朱古力，都是大部分女生的摯愛。可是你也許會有疑問，熱朱古力飲品和朱古力不都是減肥時不能吃的東西嗎？不，事實恰恰相反，真正的可可製品不僅不會讓你發胖，還能幫助你抵抗衰老、保護皮膚、有益健康。

無論是朱古力還是熱朱古力飲品，都是由可可樹的果實製成的。在它不起眼的外表下蘊含着非常豐富的營養成分，比如可可中的類黃酮，能顯著降低低密度脂蛋白的含量；可可中的原花青素和兒茶素，具有強大的抗氧化作用，能改善炎症及減輕過敏反應；可可也是礦物質，如鐵、錳、鈣、銅、硒、鉀、鋅等的很好來源，這些礦物質對提高人體免疫力、增強新陳代謝都有很大的益處。

獲得收益的前提是，你選擇的朱古力、熱朱古力飲品是「真」的朱古力和熱朱古力飲品。

絕大多數市售的朱古力並不是真正的朱古力！只要查看食品包裝背面的配料表就不難發現，有些朱古力的配料表中居第一位的不是「可可豆」而是「白砂糖」！前面講過，配料表中的配料是按照其在食品中的含量由高到低排序的，排名越靠前説明含量越高。所以，你買到的可能並不是朱古力，只是朱古力味的糖塊而已。

在飲品店裏喝到的熱朱古力飲品也逃脱不了與抹茶飲品一樣的宿命。這些被加了大量的糖、各種添加劑和人造反式脂肪酸的熱朱古力飲品，早已經變成打着健康招牌的垃圾食品了。

選擇朱古力時，盡可能選擇可可含量在 85% 以上的朱古力，且配料越少越好。這樣的朱古力吃起來很苦，你可以把它切碎，搭配無糖乳酪食用，口感很好。

同樣，建議大家購買有機無鹼化的可可粉，自己沖泡熱朱古力飲品，搭配天然椰漿，再撒一些純朱古力碎，就是減肥期間的絕佳飲品！

NOTE!

購買朱古力時一定要檢查配料表

五 低脂牛奶並不適合減肥

全脂牛奶和低脂牛奶的區別

自從低脂飲食減肥法成為風尚，在喝牛奶這件事情上，無論是減肥的女性，還是老人、小孩，都紛紛放棄了全脂牛奶，轉而選擇看似更健康的低脂牛奶。可低脂牛奶真的就是健康的牛奶嗎？

通過本書前面對膳食脂肪的介紹，我們應該知道天然的好脂肪並不是減肥的「攔路虎」，而糖類＋脂肪組合食物才是減肥的最大敵人。而低脂牛奶最大的問題恰恰就在於它損失了脂肪，自然也損失了全脂牛奶裏的脂溶性維生素。人體若缺乏脂溶性維生素，就可能會產生缺鈣、肥胖、免疫力下降等健康問題。

事實上，低脂牛奶主打的低熱量、低脂肪並不是減肥的關鍵，低脂牛奶通過均質化的方式過濾掉了健康的脂肪，牛奶變得不再香醇，所以食品商往往會在低脂牛奶中加入大量的糖和其他添加物，而這些經過過度加工的牛奶只會讓你越喝越胖。

不過就算是「更高級」的全脂牛奶，我也不建議你多喝。牛奶中雖然沒有添加額外的糖，但它本身就含有乳糖，而多數亞洲人都對乳糖不耐受，身體無法更好地消化乳糖，從而容易產生腹脹、腹瀉、噁心等消化系統疾病。

而且，牛奶中的乳糖含量還真不低。一瓶 250 毫升的純牛奶含乳糖高達 13 克。而過量的乳糖同樣也會刺激肥胖激素胰島素的分泌。所以對於減肥人群，牛奶還是儘量少喝一些。如果真的想喝牛奶，也請一定選擇營養更為全面的全脂牛奶。

低脂牛奶

VS

全脂牛奶

NOTE!

牛奶中含有乳糖，減肥期間應控制攝入量

❷ 牛奶的完美替代品

在減肥期間，有一種奶製品可以完美替代牛奶，那就是杏仁奶。杏仁奶在歐美國家絕對是明星超模的必備牛奶替代品。它的味道雖然不如牛奶濃郁，但卻有淡淡的堅果香，也算別有一番風味。杏仁奶尤其被乳糖不耐症人士所歡迎。

杏仁奶是用美國大杏仁（也稱巴旦木）製作而成的。杏仁奶不僅不含乳糖，還含有較多的膳食纖維，而且其中富含的鉀和鎂等礦物質以及重要的抗氧化劑維生素 E，對於健康和減肥都十分有益。

杏仁奶除了可以直接飲用，還可以當作健康的咖啡伴侶來搭配咖啡飲用。天然抹茶沖泡出來的飲品口感會有點苦，加點杏仁奶做成抹茶拿鐵，不僅降低了苦味，還增添了淡淡的堅果香，口感更好。杏仁奶和熱朱古力飲品也很配，一杯加了杏仁奶的熱朱古力飲品是冬天再好不過的減肥飲品了。

然而，市面上很難買到真正的杏仁奶，大多都添加了糖和其他添加劑。沒關係，我們可以自己動手製作，非常簡單，只需要三個步驟。

Step 1. 將巴旦木（薄殼杏仁）放入碗中，加入足夠的水浸泡，置於冰箱冷藏 12～24 小時。

Step 2. 將浸泡過的巴旦木撈出，放入榨汁機中，按 1：3 的比例倒入 3 份純淨水，用榨汁機充分打勻。

Step 3. 若追求更順滑的口感，可以將打好的杏仁奶用紗布過濾掉殘渣。當然不過濾也可以，在飲用時能吃到巴旦木碎，也別有風味。

這樣做出的杏仁奶因為沒有任何添加劑，所以需要放入冰箱冷藏，隨喝隨取，保質期是 3～5 天。

NOTE!

杏仁奶是減肥期間牛奶的完美替代品

它才是減肥界的明星零食

提高代謝的零食選擇——堅果

在減肥初期總是會忍不住想要飯後來點零食，與其選擇那些蛋糕、餅乾、含糖朱古力等精加工的糖類食物，不如選擇富含優質脂肪，還能提高代謝率的堅果。

二〇一〇年《營養》雜誌發表了一篇研究，該研究分析了 150 篇相關論文及數十項大型流行病學研究後，全面評估了堅果對人體健康的影響。研究發現，經常吃堅果的人健康狀況有明顯改善，**堅果有助於降低血脂、降低冠心病的患病風險，同時有緩解體內炎症、減少腹部脂肪、防止發胖等益處。**

但是，為甚麼有些人吃堅果越吃越瘦，有些人卻越吃越胖呢？答案在於堅果的選擇。有些堅果除了含有優質的脂肪，淨碳水化合物（去除膳食纖維後剩餘的能升糖的碳水化合物）的含量也較高。在減肥期間，應優先選擇低淨碳水化合物的堅果，如山核桃、夏威夷果、巴西堅果等，儘量避免食用瓜子、花生、腰果等高淨碳水化合物的堅果。

堅果是否進行過加工也很重要。天然的原生堅果無論是礦物質含量還是優質脂肪含量都比較高，也正因為如此，它才能發揮有利於健康的作用；而經過鹽焗等加工方式處理過的堅果，通常都會含有大量的鈉，而且在加工過程中使用精煉植物油經過高溫油炸和加入各種添加劑，都會破壞堅果中的天然脂肪，增加肥胖和患病風險。**所以購買堅果時最好選擇天然的原生堅果，如果沒有，也儘量選擇添加劑少的原味堅果。**

堅果並非吃多少都沒問題，每天攝入 20～35 克為宜。可以將多種

堅果混合分裝進小袋子中每天攜帶，既方便還不容易超量。還需要注意的是，堅果中含有大量的優質脂肪，如果平時攝入過多的糖類食物，再吃下過量的堅果，那一定構成了糖類＋脂肪組合，不僅會導致發胖，還會引起炎症，影響皮膚狀態。

低淨碳水化合物的堅果：

高淨碳水化合物的堅果：

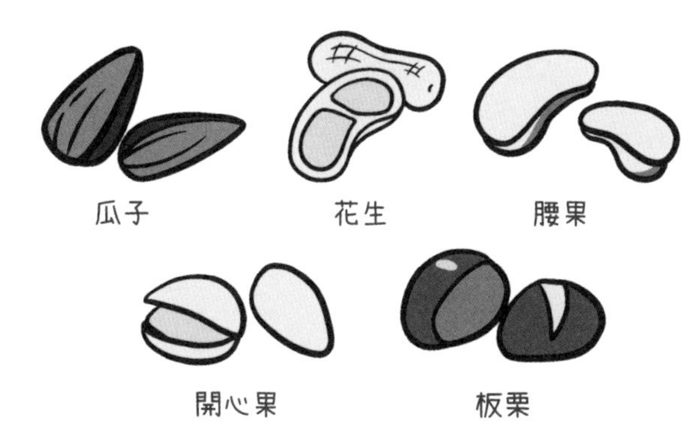

NOTE!

富含優質脂肪的堅果是減肥期間不錯的零食之選

聚餐 VS 減肥

外出吃飯時，該如何選擇餐廳和食物，才能在享受美味的同時減輕對減肥效果的影響呢？以下給大家一些意想不到的推薦。

I. 火鍋店

這裏可選擇的食材較多，請優先選擇未經醃制的牛羊肉、禽類肉及海鮮，再配以新鮮的蔬菜。注意，儘量避免含糖醬料，宜選擇蒜泥、蔥末等調料。

II. 烤肉店

烤肉能提供蛋白質和優質脂肪，再配上生菜，也是美味又健康的選擇。需要注意，不要在烤肉上刷任何含糖的醬料，也不要點石鍋拌飯或者朝鮮冷麵等糖類主食。

III. 海鮮店、日本餐廳

在海鮮／日料店能吃到許多富含 Omega-3 脂肪酸的食物，如三文魚、螃蟹、生蠔等。尤其是生蠔，蛋白質、維生素及鋅、鐵、鈣等含量較高，有助於提高人體免疫力。但儘量不要點壽司等含有大量糖類物質的菜品。

IV. 串燒店

串燒店也有很多肉類，尤其有營養豐富的動物內臟可供選擇，例如雞肝、雞胗、雞心等都是維生素 A、鐵及其他維生素與礦物質的良好來源。

V. 羊肉或牛肉湯館

這裏通常有營養豐富的羊雜湯和牛雜湯。建議再點份蔬菜，營養就足夠了。

VI. 西餐廳

點一份牛排（這是很好的蛋白質來源），搭配蔬菜沙律，再加一杯檸檬水，就是很棒的選擇。儘量避免吃意大利麵、麵包、薯條等食物。

在外聚餐，很難避免攝入隱藏的糖類物質，所以應當少吃米飯等主食。如果要吃主食，優先選擇南瓜、紅番薯等優質主食。原則上，保證蛋白質的攝入充足，再配以天然的優質脂肪和新鮮蔬菜即可。

NOTE!

如果想在減肥期間在外就餐，請優先選擇這類餐廳

法則

7

減肥成功的秘訣在於腸道環境

你的肥胖可能與腸漏症有關

小心腸漏症

腸道一直是被我們忽視的器官，其實，它的重要性僅次於大腦。腸道的工作並不僅僅是消化這麼簡單。腸道是人體重要的免疫屏障。在我們的腸道中，生活着數以萬計的腸道菌群，這些腸道菌群每天參與免疫系統的調控工作，事實上，我們身體中 80% 的免疫系統都存在於腸道當中。

腸道既幫我們吸收營養，又幫我們趕走有害的外來物質，發揮着重要的屏障作用。本來在正常狀態下，小腸壁上的黏膜上皮細胞是緊密連接的，僅允許水和營養物質通過腸壁進入身體，同時阻止有害物質進入；而當腸壁上的黏膜上皮細胞受損變得鬆散時，腸壁的通透性增加，有害細菌和毒素就會通過腸壁進入血液，未消化完全的食物也會繞開正常的吸收過程侵入，這樣的現象通常被稱為腸漏症，它對人體健康危害巨大。

腸漏症除了會直接影響免疫系統，還會造成食物過敏、炎症、吸收不良、便秘、腹瀉、類風濕性關節炎、橋本氏甲狀腺炎、痤瘡、濕疹、抑鬱等問題。

腸漏症也被認為是導致肥胖的主要原因之一。即便我們攝取了充足的營養，也會因為腸漏症的原因，身體沒有辦法更好地吸收維生素與礦物質，自然也就會降低這些營養物質對身體產生的有益作用。

導致腸漏症的原因包括：攝入過多的 Omega-6 脂肪酸、反式脂肪酸、小麥製品、酒精、加工食品、果糖，以及農藥、BPA 等化學物質，濫用抗生素和非甾體抗炎藥等。

想要更好地預防和改善腸漏症，首先應該避免上述問題；其次，積極攝入有助於調節腸道健康的益生菌，以及富含 Omega-3 脂肪酸、膳食纖維和多酚的健康食物。

腸漏症會導致便秘、食物過敏、皮膚粗糙、肥胖、炎症等

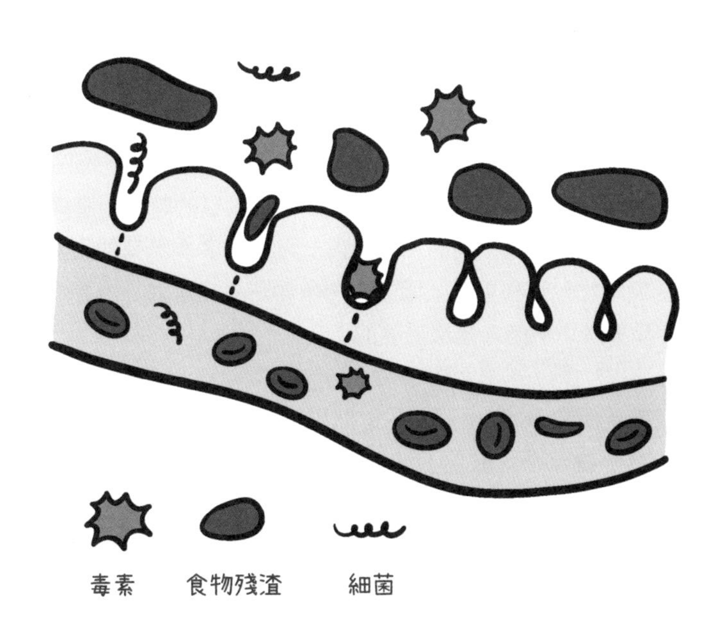

NOTE!

腸漏症會導致肥胖和身體不適

你的肚仔要變「fit 啲」

❶ 解決便秘，首先要了解便秘

讓我們一起來聊聊令人尷尬的排便問題，不要嫌棄，這可能是一篇「有味道」的文章。排便對我們的身體健康來說是非常重要的，便秘除了會讓人感到不適，還可能引起口臭、肥胖、色斑、身體慢性炎症等健康問題。所以，我們很有必要認真地認識一下它。

「便便」是身體中的廢物，它是由我們吸收消化後的食物殘渣、細菌及消化代謝物共同構成的。今天吃了甚麼？腸道到底健不健康？你的「便便」都會告訴你。

「便便」中有 70% 都是水分，還有 10% 的膳食纖維、10% 的食物殘渣及 10% 的其他物質。每個人消化食物所需要的時間和將廢物排出體外所需要的時間都是不同的。有的人一天排便 3 次，有的人兩天才排便 1 次。無法比較哪種更好，因為人的個體差異非常大。對於你來說，甚麼樣的頻率是正常的才是最重要的。

相較於排便頻率，「便便」的形狀更能反映我們身體的真實情況。養成在沖水前看一眼「便便」的習慣，有助於更好地了解自己的「便便」。根據布里斯托的大便分類法，最健康的「便便」應是質地柔軟、表面光滑且呈香腸狀的，過於乾硬或是完全不成形，都不是健康的「便便」該有的狀態。

判斷是否便秘，要看是否有以下症狀，滿足至少兩種症狀才屬於便秘的範疇：排便費力，「便便」乾硬或呈硬邦邦的顆粒狀，總是有排便不盡的感覺，感受到直腸阻塞，需要手動干預才能排出大便，一周排便

少於 3 次。實際上，如果你 3 天排便 1 次，但是你的「便便」有形、鬆軟，顏色呈現黃色或淺棕色，且排便的過程比較通暢，那就不算是便秘。這時，沒有必要進行過度的干預了。

布里斯托大便分類法

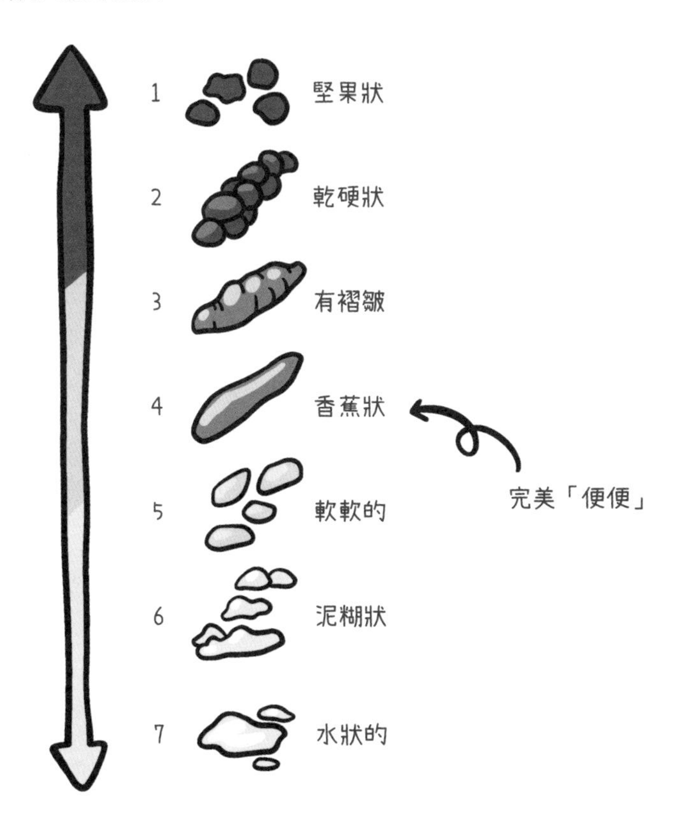

NOTE!

正確判斷是否便秘

❷ 解決便秘問題的錯誤行為

現在很多人對便秘有錯誤的認識，於是對排便進行錯誤的人為干預，反而產生了更多的問題。常見的解決便秘問題的錯誤行為都有哪些呢？

I. 香蕉通便法

香蕉是大多數「便秘族」常吃的水果之一，他們認為香蕉可以潤腸通便。但實際上，香蕉改善便秘的作用非常小，甚至有些人吃了香蕉以後反而更容易發生便秘。這是因為香蕉中含有鞣酸，而鞣酸有很強的收斂作用，容易造成大便結節。而且，香蕉所含的膳食纖維其實並不多。即便有些人吃了香蕉會排便，也極有可能是因為他們對香蕉中的果糖不耐受而產生的腹瀉。

II. 使用瀉藥清宿便

許多人對排出宿便有執念，其實在醫學上並沒有宿便的概念，加上如果「便便」正常，就算是 3 天排一次也不算是便秘。許多人盲目地跟隨廣告宣傳的「清宿便排毒養顏」的口號，人為地使用一些類似瀉藥的產品排便。這不僅會干擾機體的正常代謝，加重便秘，增加腸癌的發病率，而且對腸道環境有破壞，進而增加肥胖的可能。

III. 長期使用甘油條

「便秘族」最常用的「神器」就是甘油條，它利用甘油、山梨醇和硫酸鎂的高濃度和高滲透性，使水分滲入腸腔，軟化大便，刺激腸蠕動，引起排便反應，再加上藥物的潤滑性，「便便」更容易排出體外。在便秘時，使用甘油條確實可以幫助排便，但是只能應急或者偶爾使用，這樣的方法治標不治本。長期依賴開甘油條會降低腸道自身的敏感性，甚至可能加重便秘。

事實上，便秘是由不良的生活方式以及錯誤的飲食習慣造成的，一味地使用不當的解決方法只會加重便秘，甚至增加患病風險。

NOTE!

使用不當的方法，只會使便秘更加嚴重

❸ 五個方法輕鬆解決便秘問題

導致便秘的因素有很多，比如，缺少膳食纖維、缺水、腸道菌群失調及腸易激綜合症、不良的情緒和生活方式等都會引起便秘。想要從根本上科學地改善便秘，可以從以下 5 個方法入手。

I. 補充足夠的水分

現代人由於工作繁忙，往往忽略了喝水。當身體中的水分降低 1%～2% 時，就會出現便秘問題。所以，及時補充水分是解決便秘問題的首要因素。

II. 增加膳食纖維的攝入

膳食纖維攝入不夠，也是引起便秘的一個非常重要的原因。在飲食中增加富含膳食纖維的食物，例如紫菜、木耳、西蘭花、牛油果、大杏仁、亞麻籽、海帶等，能使便秘問題得到極大的改善。

III. 多吃含鎂的食物

鎂是現代人比較缺失的礦物質之一。身體在缺乏鎂的時候，出現最多的情況就是便秘，其次是腿腳抽筋、失眠、疲憊、高血壓等。要補充鎂，可以在生活中多吃含鎂較多的食物，包括魚類、堅果、牛油果、紫菜、蝦米、深色的綠葉蔬菜等；也可以服用鎂補充劑。

IV. 補充益生菌

腸道菌群失調，也是導致便秘的非常重要的原因。補充富含益生菌的食物，可以幫助調節腸道的菌群平衡，恢復腸道本該有的健康狀態，這是解決便秘的根本。常見的富含益生菌的食物有發酵類的泡菜、乳酪、蘋果醋、納豆等。

V. 改變排便的姿勢

在香港，大部分家庭都是坐式馬桶，而坐式馬桶最大的問題是，在人排便時會使直腸呈現彎曲的狀態，增加排便的難度。事實上，蹲便是保證直腸通順，讓「便便」順利排出的最好姿勢。針對家裏的坐式馬桶，我們可以在如廁時在腳下墊個凳子，來幫助直腸通順，從而順利排便。

除這些方法之外，還需要注意的是，不要忽視便意，當有便意來臨的時候要及時解決，經常性地憋大便也會引起便秘。

改變排便的姿勢

NOTE!

要記得用科學改善便秘的 5 個方法

三 腸道中的菌也會影響你的胖瘦

腸道菌群與肥胖的關係

你知道嗎？在我們的腸道中生活着大量的腸道菌群，它們的數量是人體細胞的 10 倍還多！可以說，這些「小朋友」影響着我們身體的方方面面，包括腦海中的想法。所以，腸道有時也被稱為「第二大腦」。每天有成千上萬的菌群在我們的腸道中「安居樂業」，而它們也影響着我們的減肥效果。

在腸道中，數量最多的兩種細菌是厚壁菌和擬桿菌，佔腸道細菌的 90% 以上。這兩種細菌的比例也決定了人的炎症水平、肥胖程度及患糖尿病、冠狀動脈粥樣硬化等相關疾病的概率。厚壁菌是「臭名昭著」的與肥胖相關的細菌，它善於幫助身體從食物中攝取更多的熱量。當厚壁菌成為腸道的「主力菌」時，我們就更容易變成易胖體質。擬桿菌並不會和它「同流合污」。所以，肥胖人群體內的厚壁菌水平相對較高，而瘦人的腸道菌群中有更多的擬桿菌。

這也是有些人會成為減肥「絕緣體」，有些人則減肥效率很高，並更容易維持好身材的原因之一。那甚麼樣的食物能夠幫助我們「建設」更好的腸道菌群呢？非能很好地提供益生菌的發酵類食物莫屬。

攝入發酵類食物對減肥是十分有利的。在國外的一項隨機對照實驗中，肥胖患者被隨機分配到食用發酵泡菜組和食用蔬菜對照組，實驗時間為 4 周。最後結果表明，那些食用發酵泡菜的人，體脂百分比、空腹血糖、總膽固醇和體重指數都得到了顯著下降。

食物在發酵的過程中，會產生有益於腸道的益生菌，這些益生菌

可以幫助我們維持腸道菌群的平衡，改善腸道環境，提高免疫力。攝取富含益生菌的食物還可以提高體內維生素 A、C、K 和 B 族維生素的利用率。

所以，關注腸道健康、增加腸道益生菌是獲得更好的減肥效果的秘訣之一。

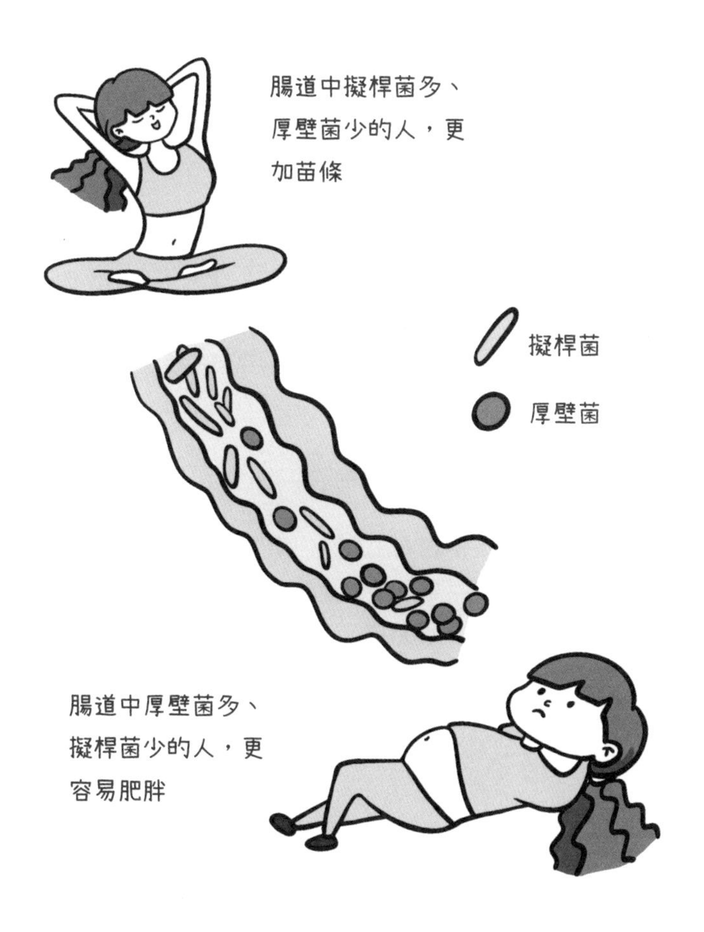

NOTE!

厚壁菌和擬桿菌的比例決定炎症水平、肥胖程度及健康狀態

四 多吃有益於腸道的食物

1 富含益生菌的發酵食物

積極補充益生菌能夠讓我們的腸道越來越健康，而吃富含益生菌的食物是攝取益生菌的最佳方式，因為這樣可以讓益生菌的生物利用率達到最高。以下為大家推薦一些益生菌含量豐富的食物。

I. 無糖乳酪

乳酪在發酵過程中，乳糖含量會大大降低，因而更容易被人體消化和吸收，尤其對於乳糖不耐受的人群來說，乳酪是非常好的選擇。相較於高乳糖的牛奶，乳酪不僅乳糖含量更低，而且在發酵的過程中還產生了大量有益菌，同時保留了較多的蛋白質，而蛋白質對減肥是十分必要的。

II. 無糖泡菜

泡菜的種類有很多，例如四川泡菜、東北酸菜、韓國泡菜和德國酸菜。拿用椰菜做的德國泡菜舉例，在發酵的過程中，德國泡菜中的維生素 C 和維生素 B 含量比新鮮椰菜還高，尤其是維生素 C，其含量是新鮮椰菜的 20 倍，德國泡菜中活躍的乳酸菌和其他有益微生物的數量也比新鮮椰菜多得多。

III. 康普茶

它是起源於中國並流傳上千年的發酵紅茶，用紅茶菌製作而成。康普茶富含多種益生菌、氨基酸、B 族維生素和酶。你可以購買紅茶菌自己在家製作康普茶。康普茶喝起來口感酸酸的。

IV. 納豆

納豆是一種經過發酵的大豆，含有功能極其強大的益生菌——枯草芽孢桿菌。很多研究顯示，枯草芽孢桿菌能夠促進免疫系統、心血管系統健康，強化維生素 K 的吸收。而且，在發酵的過程中，大豆含有的植酸、凝集素等有害物質也會被降解。

V. 無糖蘋果醋

未經巴氏殺菌的蘋果醋含有益生元——果膠。此外，蘋果醋還有助於將抗性澱粉轉化為丁酸，而丁酸對維持健康的腸道菌群是有益的。

NOTE!

應積極補充富含益生菌的天然食物

❷ 腸道最愛的「飲料」

事實上，大骨湯是滋養腸道的最佳「飲料」，它也是在我們的生活中十分常見的一類食物。很多人想通過喝大骨湯來補鈣，實際上，大骨湯中的鈣含量並不高，但並不能因此說它沒有價值。

大骨湯中有許多對腸道有益的物質。例如，大骨湯中的明膠能夠中和腸道中的毒素，保護腸道黏膜；大骨湯中的黏多糖類物質能夠起到益生元的作用，促進腸道中有益菌的生長，維持腸道健康；大骨湯中的穀氨醯胺是腸壁黏膜上皮細胞的主要營養來源，它對修復腸漏症、防止腸道中電解質和水分的流失有幫助；大骨湯中的硫酸軟骨素和氨基葡萄糖化合物能夠緩解關節炎和關節疼痛。

大骨湯還是礦物質的良好來源，鈣、鎂、磷、矽和硫等礦物質在大骨湯中都會以容易吸收的形式存在。另外，大骨湯也是天然膠原蛋白較好的來源之一。膠原蛋白除了可以幫助我們滋養皮膚，還有助於減輕關節老化，維持健康的骨密度。

在製作大骨湯時，儘量選擇多種骨頭一起燉煮，例如牛骨、豬骨、羊骨、魚骨等，用帶骨髓的骨頭會更好。在燉煮的過程中，添加一點醋，可以更好地促進骨頭中的營養物質流出，燉進湯裏。推薦每週喝2～3 次大骨湯。

NOTE!

大骨湯是滋養腸道的最佳飲料

遠離這些易胖食品

減肥成功的秘訣在於拒絕加工食品

隨着生活的進步，我們購買各種各樣的食品越來越便捷，但是這也導致大量的加工食品出現在我們的飲食中。而想要改善腸道環境，減少加工食品的攝入是一個大前提。因為加工食品往往含有大量破壞腸道健康的添加劑、人造反式脂肪酸以及防腐劑，這在無形之中助長了有害菌的大量滋生。

食品添加劑幾乎不會給身體提供任何營養，但卻能增添食物的風味、口感，並能延長保質期。簡單地說，食品添加劑能讓加工食品看上去美觀，吃起來好吃，但是吃進身體後，各種食品添加劑需要經過許多器官的處理才能被消化和代謝，這無疑增加了身體的負擔，還會嚴重影響健康狀態。

雖然如今大部分加工食品中的添加劑符合安全標準，但現在的加工食品太多了，我們為了便捷，越來越多地選擇加工肉類、飲料、各種代餐產品和大量的零食、蛋糕等，因此積少成多，身體攝入了大量添加劑。例如，僅僅一包薯片，就已經包含了 20 多種添加劑。加工食品簡直就是減肥的「中伏區」。

相較於加工食品，天然的原生食物營養價值要更高。原生食物有着完整的蛋白質、碳水化合物、脂肪，以及維生素和礦物質等營養組合，它們是人體能夠識別和利用的營養素；而加工食品雖然額外、人為地添加了營養素在裏面，但是高度加工化和大量添加劑的使用，讓食物中的生物酶缺失，並且人為添加的營養素往往是以不能被人體有效利用的形式存在的。

薯仔和薯片哪個更健康？答案不言而喻。同樣，減肥代餐也一定不會比天然的食物更能幫助你真正健康地減肥。所以，無論哪種形式的加工食品，都是減肥期間最應該拒絕食用的。

含有大量添加劑的加工食品有：

飲料、餅乾、蛋糕、加工肉類、薯片、朱古力、糖果、即食麵……

不易發胖的原生食物有：

時令蔬菜、魚、肉、蛋、奶、藍莓、薯仔……

NOTE!

減少攝入加工食品，它更容易導致肥胖

保護你的「瘦菌」

還能從哪些方面補充有益菌

除了在平時的飲食中增加攝入富含益生菌的食物，我們還可以通過以下兩個方面保護腸道中有益的「瘦身菌」。

一方面，清理掉「絆腳石」。在我們修復腸道健康的道路上，往往有一些「絆腳石」會阻礙前行，要及時清理掉它們。

I. 含反式脂肪酸和大量糖類的食物

這類食物往往會助長腸道中有害菌的生長，破壞腸道平衡，產生腸道毒素，讓人更加容易發胖。

II. 有毒化學物質

這類物質通常會出現在加工食品中，不當的生活習慣也會讓你接觸到這類有毒化學物質。例如，經常食用包裝含有 BPA 塗層的罐頭食品、使用塑料袋或塑料容器加熱食物、暴露在大量使用殺蟲劑的空間中……這些都會嚴重影響腸道菌群的平衡。

III. 小麥製品

小麥中含有的麩質是導致腸漏症的重要原因之一，同時它還會促發慢性炎症、刺激食欲，從而增加肥胖的概率。

另一方面，我們需要通過其他方法來補充更多的有益菌。例如，補充益生菌補充劑，多接觸大自然中的有益微生物，這些微生物對人體保持腸道健康有着極其重要的作用。具體來説，可以通過以下方式獲取天然的有益菌：

I. 多在戶外走走

最好能在有植被、有泥土的森林公園中光腳走一走。

II. 在家裏種植植物

在家裏種花，增加接觸天然土壤的機會。

III. 多去海裏游泳

即便不游泳，也可以坐在海邊衝衝海水或光腳走一走。

要記住，腸道的健康狀態以及腸道菌群的平衡，對於減肥和健康來説都是最容易被人忽視卻極其重要的存在。

保護人體腸道中的有益瘦身菌

milk

法則 8

你的心情決定
你的減肥速度

最容易瘦身失敗的兩種人

有這兩種心理的人最難減肥

在減肥失敗的人中，往往存在這兩種人：第一種類型是每天頻繁磅重，第二種類型是喜歡給自己制訂過高的減肥目標。這兩種類型的人減肥容易失敗的原因是——沒有正確的減肥觀。

他們一直錯誤地認為減肥理想的體重變化，應該是快速直線下降的。但事實上，你看到的任何一個真正減肥成功且能保持身材不反彈的人，他的減肥體重記錄並不是直線下降的，通常都是有起有伏，但整體呈逐漸下降趨勢。

第一種類型的人過度關注體重的變化，一天要磅十幾次體重，上完洗手間就磅，體重下降了就開心，喝完水磅，體重上升了就想哭。實際上人的體重在一天當中會隨着運動量、喝水量、進食量等有 1～4 磅的浮動，這是非常正常的事。雖然體重有大的浮動，但是身體脂肪在短時間之內的變化是很小的。所以大可不必越磅體重越焦慮，每週 2～3 次，早上固定時間空腹測量會更為準確。

另外，制訂過高減肥目標的那類人，往往都會進行短期內的「強效減肥」，例如刻意地少吃多動，或者通過某些極端方式減肥。而這往往會對人的生理機制造成影響，比如基礎代謝受損、瘦素下降、分泌皮質醇等，一旦飲食恢復，必然出現更嚴重的反彈。並且，人的意志力並不是取之不盡的，它很多時候表現得非常薄弱。一味地追求快速減重，反而會更容易在達不到自己心理預期的目標後崩潰放棄，繼而暴飲暴食。

事實上，過高的預期和錯誤的減肥認知往往是導致許多人減肥失敗的原因，甚至很多人一味給自己施加壓力，卻忘了減肥並不是單純地減掉體重，而是減少身體脂肪，這樣才能看上去更加苗條。建立正確的減肥認知，設定更為合理的減肥目標，通過科學的飲食調整你的食欲、新陳代謝、腸道菌群等，才會使你在減肥的道路上進步更快，更容易堅持，效果也會更好。

最難瘦的兩種人：每天頻繁磅體重的人和制訂過高目標的人

NOTE!

沒有一個正確的觀念，減肥是很難成功的

情緒對減肥的影響超出你的想像

1 情緒對減肥的影響

你可能想不到，大肚腩、象腿、byebye 肉，這些都跟你的情緒有非常大的關係。情緒問題可以説是你看不見、摸不着，卻一直默默影響你減肥效果的「殺手」。

現代人都或多或少地存在情緒問題，來自生活的壓力、學習的壓力、工作的壓力、社交的壓力、家庭矛盾的壓力，甚至包括減肥這件事本身都在無形中影響着許多人的情緒。

而情緒問題對減肥最直接的影響就是它導致過度進食。因為在面對壓力時，大部分的人都會選擇吃東西，例如是炸雞加上珍珠奶茶這種高糖＋高脂肪組合的食物，來刺激分泌更多的多巴胺，以達到緩解焦慮、釋放壓力的目的。同時，由情緒所帶來的壓力激素皮質醇的過量分泌也會直接導致我們更加容易發胖。

事實上，影響情緒的不只是壓力，環境差、睡眠質量不好、營養不良等都會導致人的情緒波動，也間接地影響着減肥大計。

想獲得更好的減肥效果，就不能只關注飲食和運動，情緒同樣重要。二〇一七年發佈在 Emotion 上的一項研究顯示，擁有好情緒的人體內的炎症水平也相對更低。炎症是形成易胖體質的重要原因。經常開懷大笑的人能減少更多的壓力。每當你哈哈大笑時，需要動到身體 400 多組肌肉，這也在一定程度上增加了熱量的消耗。

所以，保持一個良好的心情和積極的情緒對於減肥的好處不言而喻，尤其不要讓減肥成為你壓力的來源。

NOTE!

情緒問題是隱藏在生活中影響減肥效果的殺手

❷ 皮質醇是肥胖激素的好巴打

皮質醇也稱壓力激素，主要負責讓身體應對緊急狀況。在捕獵時代，在我們的祖先遭遇猛獸追趕時，皮質醇常常用來讓身體做好戰鬥或者快速逃跑的準備。

身體可以接受暫時的皮質醇上升或者血糖上升，但是長時間的上升將會導致健康問題層出不窮。而在現實生活中，在屯門公路堵車、打卡遲了一分鐘、公司要你共渡時艱凍薪、與男朋友吵架、孩子不肯吃飯等等煩惱，都在時時刻刻催升着我們的皮質醇。

皮質醇和胰島素具有相似的作用，都會使體重增加。這是因為隨着心理壓力的增加，皮質醇濃度上升，導致血糖和胰島素的水平也跟着上升。我們都知道，胰島素是肥胖激素，胰島素的居高不下會促使體重增加、身體肥胖，尤其在腰腹部，脂肪發生囤積。這也是壓力會直接導致我們肥胖的主要原因。

而且，皮質醇還會影響身體的儲水能力，造成水腫。這是因為皮質醇會影響身體的另外一種激素——抗利尿激素 ADH 的分泌，ADH 是給腎臟發送信號決定存儲多少水分的激素。這些激素會導致脂肪存儲和液體瀦留，所以壓力大的人也更容易出現水腫。皮質醇還會破壞腸道環境，增加發生腸漏症的可能。

身體的自主神經系統分為交感神經和副交感神經。一般情況下是副交感神經主導身體，控制、維持我們正常生活的方方面面，比如代謝、消化、月經、生育等；交感神經則負責應對緊急情況。皮質醇的大量釋放會使身體切換為以交感神經為主導，而副交感神經掌管的事情就會受到影響或者停滯，這也是有些女性壓力大時會出現月經紊亂的原因。

在減肥方面，皮質醇對女性的影響遠遠超過對男性。它除了會讓女性在意的腰部和臀部更為肥胖，還會干擾女性正常的生理機能，擾亂激素平衡，從而使減肥變得更加困難。

「壓力」這樣東西，雖然不含有熱量，也不含糖類物質，但仍會引發肥胖的。

皮質醇過量分泌導致體重增加

NOTE!

壓力大是導致肥胖的重要因素之一

逃出暴飲暴食的 Loop

1 導致暴飲暴食的因素

電視劇曾有句對白：「Vivian 覺得有啲餓」，後來常被用來嘲笑天生「餓底」的人。暴飲暴食是很多減肥者都經歷過的事情，看似只是控制不住進食，其實對我們的健康有着很不好的影響。暴飲暴食除會直接導致肥胖之外，還容易損傷我們的腸胃，造成急性腸胃炎、胃出血、胃潰瘍等疾病。有飲食問題的人一般都伴隨有急性或慢性的胃部疾病。除了胃部疾病，暴飲暴食還容易引起急性胰腺炎和急性膽囊炎。甚至有些人會暴食成癮而形成暴食症。患暴食症的人無法消化吃進去的大量食物，很多時會採取催吐或吃瀉藥等方式緩解過量進食，這無疑又是對身體的第二次傷害。

暴飲暴食最大的誘因就是情緒壓力。皮質醇水平上升會刺激食欲，同時心情不好又會想吃更多的糖類食物來刺激多巴胺分泌，緩解焦慮。一定要留心觀察自己是否經常存在因情緒問題導致的暴飲暴食。

除了情緒這個誘因，節食減肥也是導致暴飲暴食的一個主要原因。通過節食來快速減肥的人長期用意志力控制自己減少進食，一旦失控就會發生報復性進食的情況。他們往往吃完又後悔，從而進入「節食→暴食→節食→暴食」的惡性循環。

錯誤的飲食習慣也會導致暴飲暴食。很多人的飲食中存在大量的糖類食物，糖類食物是最能刺激人興奮而產生大量多巴胺的食物。糖類食物並不會像蛋白質和優質脂肪食物一樣讓人能維持較長的飽腹感，反而會容易使人出現「血糖過山車」的情況，沒過多久就感覺飢餓，想要再次進食垃圾食品。

事實上，想從根本上解決暴飲暴食的問題，你要知道到底是甚麼原因導致暴飲暴食，學會區分心理飢餓和生理飢餓是十分必要的。但無論何種形式的暴飲暴食，都應該培養正確的飲食習慣，才能擺脫天生「餓底」的身分。

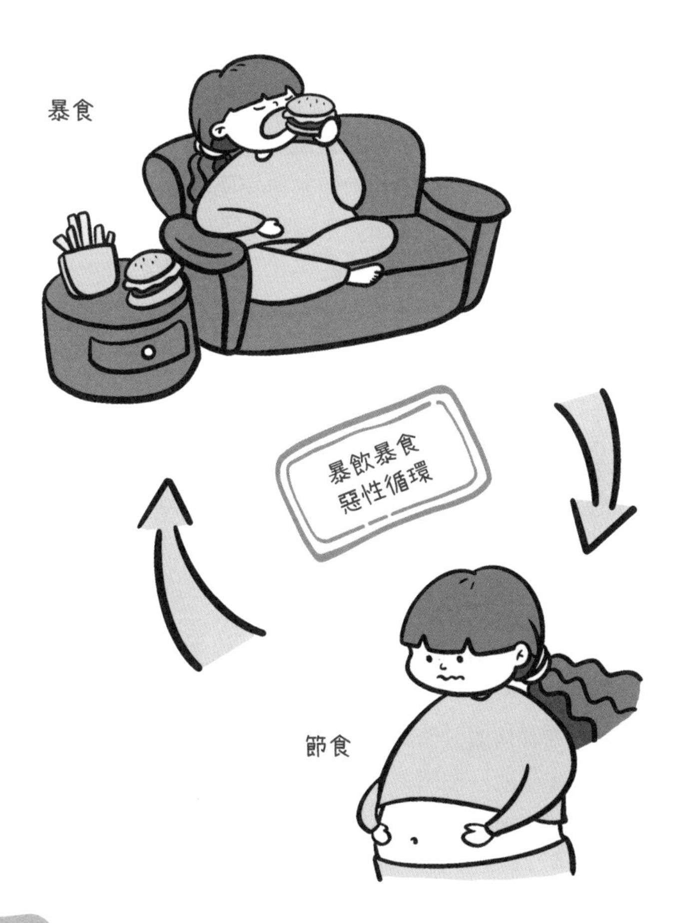

NOTE!

找到暴飲暴食的原因，才能徹底避免進入惡性循環

❷ 正念飲食

正念飲食是近些年越來越火的一種調節暴飲暴食等不良飲食習慣的進食方式。研究表明，正念飲食可以更好地幫助減肥、治癒暴食、改善焦慮、增強免疫力等。

I. 正念飲食的第一條要求

進食者要坐下來專注於進食的食物。在信息爆炸的今天，很多人都習慣邊吃飯邊看電視或玩手機、玩遊戲。其實，在你分散注意力的同時，你的進食就會變成無意識的行為，如果你吃飯的時候不專心，就很難聽到身體反饋給你的信號，比如你是否吃飽了。

II. 正念飲食的第二條要求

進食者要放慢進食速度，並且充分咀嚼食物。細嚼慢嚥是促進消化的最佳方法之一。進食時充分咀嚼，還會促進膽囊收縮素和胰高血糖素樣肽 -1 的生成，同時使飢餓素大幅下降，這也意味着你的飽腹感會更強。

III. 正念飲食的第三條要求

進食者要在精神放鬆、情緒舒緩的情況下進食。如果你在進食前有較大的情緒壓力，僅這一個因素就會阻礙你的消化過程。所以如果你此時正心煩意亂，最好推遲進餐，直到情緒平復下來再說。

如果你正在經歷暴飲暴食，不如試試正念飲食，將你的注意力帶回到餐桌上，認真聆聽自己身體的聲音，慢下來享受食物，讓進食變得更有儀式感。

NOTE!

正念飲食可以更好地幫助減肥，避免暴飲暴食

四 做一個快樂的減肥者

1 擁有好心情清單

減肥並不是一件痛苦的事情，你要嘗試讓自己做一個快樂的減肥者。當你發現自己處在有壓力的狀態下時，一定要學會釋放壓力，才能避免壓力對身體造成的傷害。應該如何做才能保持一個好心情呢？

I. 與朋友交流

約三五好友一起喝喝茶，聊聊生活中的煩心事，哪怕你最後並不能獲得實用的建議，但焦慮感也會減少很多。

II. 深呼吸

研究顯示，當你感到焦慮時，深度的腹式呼吸會刺激迷走神經，有助於降低心率和血壓，同時降低壓力水平。所以當你感到壓力侵襲時，不妨先嘗試深呼吸來讓自己平靜下來。

III. 適量運動

每週進行 3～5 次 30 分鐘的運動（有氧無氧均可），可以顯著緩解壓力。因為運動可以釋放 5- 羥色胺和內啡肽等讓人感覺良好的化學物質，從而減少釋放壓力激素皮質醇，緩解焦慮。但注意，過量的劇烈運動也會在短期內升高皮質醇。

IV. 冥想

冥想是一種可以減輕壓力，緩解焦慮、沮喪和其他負面情緒的非常有效的方式。你不需要盤腿而坐，也不需要點香薰蠟燭，你只需要找一個安靜的地方，專注於感受當下的呼吸，就可以開始簡單的冥想練習。冥想可以幫助你告別負面情緒，打破消極思想的無限循環。事實上，冥想可以增強前額葉皮層左側的活動，而前額葉皮層左側是大腦負責平靜和歡樂感覺的區域。如果想更深入地了解冥想，可以通過書籍或者 App 進行學習。

V. 充足的睡眠

壓力可能會導致失眠，反過來，睡眠不足也會加劇焦慮感，導致你承受壓力的能力變得越來越弱。充足的睡眠是改善情緒壓力的關鍵因素之一。

NOTE!

學會做一個快樂的減肥者

❷ 食物的力量

情緒對飲食起着至關重要的作用，同樣，食物對調節情緒也起着非常重要的作用。除了前面介紹的行為干預，我們還可以通過吃讓自己快樂的食物來減壓。

I. 深海魚類

像三文魚等深海魚類都富含對健康和減肥有益的必需脂肪酸——Omega-3 脂肪酸（DHA 和 EPA）。而 DHA 和 EPA 有助於降低皮質醇的分泌，幫助我們緩解負面情緒。早在二〇一一年就有研究發現，當增加 Omega-3 脂肪酸的攝入時，受試者的焦慮感降低了 20%。

II. 富含有益菌的發酵食物

發酵食物不僅能夠改善腸道健康，還可以幫助我們調節情緒。因為發酵食物可以促進腸道中有益菌的生長，從而增加調節壓力、情緒和食欲的血清素水平。事實上，人體內高達 90% 的血清素都是由腸道中的有益菌產生的。而且，有益菌還能維護大腦健康，降低抑鬱程度。

III. 紅茶和抹茶

相較於其他咖啡因飲品，紅茶能更好地降低皮質醇的分泌。抹茶中含有的兒茶素有助於控制食欲，避免因情緒導致暴飲暴食。

IV. 莓果類水果

像士多啤梨、藍莓、黑莓、樹莓等莓果類水果含有多種抗氧化成分和多酚類物質，對於降低體內氧化應激反應、減少炎症十分有幫助。炎症也是導致情緒壓力的因素之一。二〇一八年，在學術期刊《分子》上的一篇研究稱，日常生活中增加攝入富含花青素的食物，例如藍莓，可以降低 39% 發生抑鬱症的風險。

V. 朱古力和堅果

這種類型的食物也可以從多個方面幫助我們調節情緒、減少壓力。

以上這些有益於創造好心情的食物，同樣也有利於減肥，對於健康更是有積極影響。

NOTE!

請積極攝入讓自己快樂的食物

❸ 被遺忘的快樂激素

維生素 D 是創造好心情的決定因素之一。事實上，維生素 D 不只是一種脂溶性維生素，它還是一種脂溶性類固醇激素。身體的維生素 D 水平低會促發抑鬱症，甚至慢性疲勞。

早在二〇〇八年，一項關於維生素 D 對肥胖人群抑鬱症影響的實驗發現，每周服用維生素 D 的受試者，他們的抑鬱症得到了不同程度的改善。這是因為，足夠的維生素 D 可以幫助調節產生多巴胺、腎上腺素和去甲腎上腺素所必需的酶。這些都是在情緒與壓力管理及身體供能方面發揮作用的關鍵激素。患有抑鬱症的人，僅僅補充維生素 D 就能看到病情好轉。

而且，維生素 D 還可以增加血清素，幫助改善睡眠，睡眠質量提高有助於降低食欲。同時，維生素 D 還可以減少身體中新脂肪細胞的形成，有助於減肥。另外，我們補充的鈣能否被吸收的關鍵，也在於身體是否含有充足的維生素 D。

補充維生素 D 最有效的方式就是曬太陽，人體內 90% 的維生素 D 是依靠陽光中的紫外線照射皮膚，由皮下脂肪合成的。所以，維生素 D 也被稱為「最便宜的維生素」。在寒冷的冬季較長的北歐國家，缺少日曬是導致北歐人抑鬱症高發的主要原因。

很多女性害怕曬太陽，用各種方式防曬，其實這是很不好的生活習慣。事實上，在太陽比較溫和的早晨或傍晚接受陽光的沐浴是獲得好心情的關鍵。注意，塗了防曬霜去曬太陽，身體是無法很好地生成維生素 D 的。

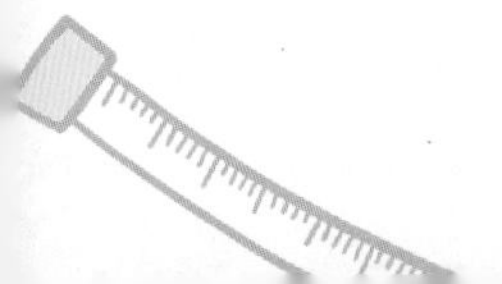

除了曬太陽，我們還可以通過飲食來補充人體所需的維生素 D，例如豬油、蛋黃、三文魚、比目魚、鱒魚等都是維生素 D 良好的食物來源。或者可以通過服用維生素 D 補充劑來進行補充。因為維生素 D 是脂溶性維生素，所以最好搭配富含脂肪的膳食食用，可以最大限度地提高人體對維生素 D 的吸收。

NOTE!

多曬太陽有助於改善心情、睡眠和食欲

milk

法則

9

躺住瘦，睡出好身材

一 想要減得快，就要睡得好

睡不好會變胖

睡眠對於減肥來說至關重要。美國一項調查了超過 110 萬人睡眠情況與體重指數關係的研究顯示，睡眠不足的女性肥胖概率比睡眠充足的女性高 73%，睡眠充足的女性普遍身材比較苗條。

睡眠不足直接導致食欲大增。其一是因為這與胃飢餓素和瘦素兩種關乎食欲的激素相關。當睡眠不足時，人體內的胃飢餓素會大大增加，而負責控制食欲的瘦素則會大大降低。而且，還會導致皮質醇水平上升，進一步刺激進食的欲望，尤其想吃高糖類食物。

其二是因為大腦中的大腦額葉是負責做決定和調節自控力的。如果缺少睡眠，大腦額葉的活動減少，人就會變得遲鈍，自控力也更弱。再加上因為缺少睡眠而激發出的旺盛食欲，人會更容易渴望垃圾食品。有實驗發現，睡眠不足的人比睡眠充足的人每天吃的食物熱量要高 22%。這也是明明吃的都一樣，但喜歡熬夜的人減肥效果很差的原因。

另外，很多實驗都發現，睡眠不足會提升體內胰島素的水平。這是因為缺少睡眠會使胰島素的敏感度大大降低，促使體內分泌更多的胰島素，而胰島素，我們都知道，是肥胖激素。胰島素水平越高，發胖的可能性就越大。

同時，基礎代謝率也會受到睡眠的影響。很多人認為熬夜會增加身體消耗，實際上，熬夜也許增加了當晚的部分消耗，但是身體在第二天會有自我代償行為，降低身體的基礎代謝率來減少熱量消耗。而且對於減肥人群來說，缺少睡眠會使身體減少更多的肌肉，而肌肉也是維持基

礎代謝率的「主力軍」，肌肉減少會降低基礎代謝率。所以，睡覺是最「慳錢」的減肥方式！

NOTE!

睡眠不足的女性更容易肥胖

你還在開燈睡覺嗎

開燈睡覺是非常不好的睡眠習慣

人體內部有着自己的運轉週期，被稱為生理時鐘，生理時鐘負責掌管人的晝夜節律，決定甚麼時候該清醒警覺，甚麼時候該疲憊困倦。正是因為有了生理時鐘的管理，人才不會在晚上睡覺的時候餓醒，也不會像白天一樣頻繁排尿。

影響身體晝夜節律最重要的外部因素，就是身體通過檢測光線的強度來確定是白天還是晚上。在本來應該睡覺的夜間，身體遇到了明亮的燈光，則大腦會發出「開始新的一天」的信號，這樣就會導致晝夜節律紊亂。倒時差是晝夜節律紊亂的一個典型例子。

事實上，發表在《美國流行病學雜誌》上的一篇研究文章發現，習慣晚上開燈睡覺的女性往往都會比較胖，腰圍也會相較於常人更粗。晚上較長時間的光照會抑制生長激素的分泌，而生長激素是可以促進脂肪分解、有益於減肥的激素。當它的分泌受阻時，就會影響減肥效果。

人體許多激素的分泌都會隨着晝夜節律而起伏變化，但與睡眠最為相關的激素無疑就是褪黑素了。褪黑素由松果體產生，它會影響來自下丘腦的信號。褪黑素一般會在睡前約 2 小時開始分泌，讓人產生睡意並降低體溫來為入睡做準備。褪黑素對光線十分敏感，哪怕是微弱的小夜燈，也會影響它的分泌。

褪黑素除了掌管人的睡眠，它還與情緒息息相關。褪黑素分泌不足的人更容易抑鬱、心情煩躁，也更容易情緒化暴飲暴食。褪黑素不僅僅是激素，它還是一種強有力的抗氧化劑，對女性抗衰老和保證免疫系統

健康有重要意義。而且，開燈睡覺也會增加胰島素抵抗，而很多人的肥胖問題恰恰就與胰島素抵抗相關。

開燈睡覺的習慣對身體激素和代謝的影響絕不僅僅於此，如果不能擁有一個好的睡眠質量，又遑論高效地減肥呢？

NOTE!

夜晚開燈睡覺會擾亂生物鐘，是不好的睡眠習慣

這些食物在偷偷影響你的睡眠

❶ 不利於睡眠的食物

食物可以幫助睡眠，如果你存在失眠或者睡眠質量差、白天疲憊的情況，應該儘量避免在睡前大量食用以下食物。

首先是含咖啡因的飲品，很多人晚上睡不着與咖啡因有很大關係。咖啡因是一種中樞神經興奮劑，能使人長時間處於相對興奮的狀態。早上來一杯咖啡會讓人保持清醒和敏鋭，提高專注力；但是如果晚上喝咖啡就會影響睡眠。

有研究發現，睡前 6 小時喝咖啡，就有可能會降低睡眠質量。因為人體內的咖啡因含量在喝咖啡後 6～8 小時都一直保持在較高的水平。所以，如果你對咖啡因敏感，儘量避免在下午 2 點以後喝大量含咖啡因的飲品。需要注意的是，並不只有咖啡才含有咖啡因，綠茶、紅茶中也含有咖啡因。對於喜歡喝茶喝一整天的人或者喜歡晚飯後大量飲茶的人來説，需要額外注意觀察這些飲品是否影響了你的睡眠。

其次是重口味食物，晚餐不適宜進食口味太重的食物，例如辛辣刺激的食物和高鹽的食物。很多人喜歡晚上聚餐，但是晚上吃得過於辛辣會引起燒心、胃脹等胃部不適，而且容易影響晚上的入睡；而晚餐攝入過多的鹽會導致口渴，大量增加夜間的飲水量，導致頻繁起夜排尿，影響睡眠質量。

最後是高蛋白質食物，蛋白質消化速度相對較慢，如果晚餐攝入太多蛋白質含量高的食物，而且吃得太晚，那麼身體在本應該進入睡眠的時候還在消化食物，就會使睡眠質量大打折扣。

為了保證良好的睡眠，建議晚餐在睡前 4 小時結束，太晚吃東西會影響身體的晝夜節律。同時，飲水儘量安排在白天，晚上適量飲水，避免「起身痾夜尿」！

NOTE!

太晚進食，同樣會影響減肥效果

❷ 喝酒真的有助於睡眠嗎

有不少人應對失眠的方法，就是睡前喝點酒。但是，喝酒真的有助於睡眠嗎？

事實上，這是很多人存在的誤區。睡前飲酒會讓大腦減少組胺的分泌，從而導致昏昏入睡，從這個角度講，喝酒確實可以使人快速進入睡眠。但是隨着睡眠的深入，酒精的分解會促使身體釋放血清素，導致早醒，造成睡眠不足。

而且，大量的酒精還會造成脫水，有可能增加晚上起夜排尿的次數，影響睡眠質量。最重要的是，酒精會導致我們幾乎整晚都沒有進入深睡眠狀態，身體無法真正休息到位，睡眠質量變差。長此以往，身體不僅會加速衰老，而且得不到該有的修復，因此造成的危害是非常大的。

雖然紅酒和白酒中含有少量有助於睡眠的褪黑素，但是其中的酒精對睡眠的干擾，也會抵消褪黑素對睡眠產生的有利影響。所以，喝酒並不能解決睡眠問題。如果你真的存在睡眠問題，一定要改掉睡前飲酒的習慣。

NOTE!

喝酒助眠，是錯誤的認識

四 睡出好身材攻略

❶ 擁有好睡眠清單

睡眠問題可能一直在偷偷影響着你的減肥效果，如何做才能擁有好睡眠呢？下面與大家分享改善睡眠的 10 條建議。

1. 多曬太陽。白天增加日曬能夠促進晚上更好地分泌褪黑素，有助於重啟生理時鐘，讓你晚上睡得更熟。

2. 白天適量運動。適量的運動有助於恢復生理時鐘，調節激素水平，提高睡眠質量。但切記不要在睡前進行長時間的高強度運動，這樣反而會影響身體激素的正常分泌，有可能導致失眠。

3. 縮短午睡時間。很多人晚上失眠與午睡太久有很大關係。午睡時間建議控制在 30 分鐘以內，長時間的午睡會降低晚上的睡眠質量。下午 3 點以後儘量就不要再午睡了。

4. 減少咖啡因的攝入。下午 2 點後，儘量避免喝會促使你興奮的咖啡或茶。

5. 避免太晚進食。睡前大量進食會影響生長激素和褪黑素的分泌，導致睡眠質量降低。最好在睡前 4 小時結束晚餐。

6. 降低房間溫度。保持室內溫度在 16℃～19℃，這樣的溫度更加有助於睡眠。

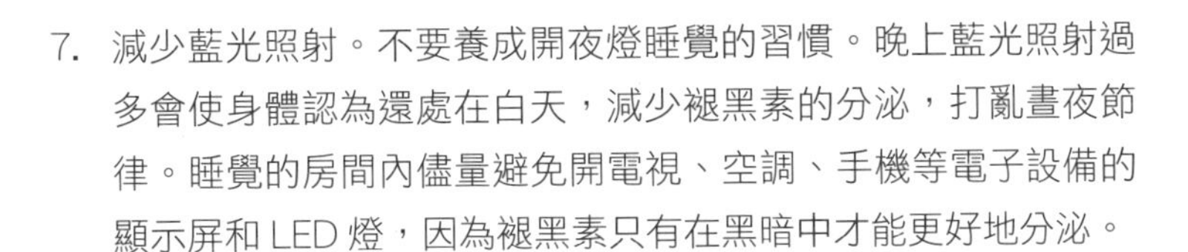

7. 減少藍光照射。不要養成開夜燈睡覺的習慣。晚上藍光照射過多會使身體認為還處在白天，減少褪黑素的分泌，打亂晝夜節律。睡覺的房間內儘量避免開電視、空調、手機等電子設備的顯示屏和 LED 燈，因為褪黑素只有在黑暗中才能更好地分泌。

8. 睡前放鬆。睡前最好的放鬆並不是看電視，你可以嘗試洗個熱水澡，做一些自我按摩，聽一些輕音樂或者看一本能讓人放鬆的書。睡前冥想也是很好的選擇，更利於入睡。

9. 規律作息時間。儘量每天在同一時間入睡，幫助身體養成良好的生理時鐘節律，有助於提高睡眠質量。

10. 避免晚上大量飲水。飲水儘量在白天完成，避免夜間起夜，打破深睡眠。

NOTE!

擁有好睡眠，減肥才能事半功倍

❷ 有助於睡眠的食物

很多人失眠都和身體缺乏鎂有關。美國國立衛生研究院一項關於失眠老人的雙盲實驗發現，每天補充足夠的鎂的老人睡得更快，睡眠時間相對更充足，睡眠質量也更好。也就是說，補充鎂可以改善失眠的狀況。

鎂是人體中極為重要的礦物質之一，它對維護正常的肌肉和神經功能來說至關重要，它可以強健骨骼、維護免疫系統健康、改善血壓和睡眠，等等。鎂是一種天然的鎮靜劑。如果身體缺乏鎂，就會導致常見的情緒焦慮、煩躁和失眠等問題。每天攝入充足的鎂有助於改善心情和睡眠。同時，鎂有助於改善胰島素抵抗，預防高血壓，降低患中風和心臟病的風險。鎂還能幫助身體吸收其他重要的礦物質，緩解身體疲勞。

成年男性每天的鎂攝入量應不低於 400 毫克，成年女性應不低於 310 毫克。我們可以通過哪些食物來補充鎂呢？

I. 魚肉

100 克煮熟的魚肉大約含有 90 毫克鎂。

II. 牛油果

牛油果含有豐富的單不飽和脂肪酸，並含有非常少的糖，而且它還是補充鎂的良好來源。一個牛油果就含有 60 毫克鎂，同時它還含有豐富的鉀、B 族維生素、維生素 K 和膳食纖維。

III. 堅果

許多堅果中都含有豐富的鎂。30 克巴西堅果含有 107 毫克鎂，30 克美國大杏仁含有 77 毫克鎂，30 克腰果含有 83 毫克鎂。但需要注意，減肥期間，應該儘量減少攝入腰果。

IV. 薯仔

一個完整的薯仔大約含有 84 毫克鎂，同時它還含有大量的鉀和維生素 C 以及 B 族維生素，用來替換米麵當主食是很好的選擇。薯仔煮熟後放涼還會生成抗性澱粉。但在減肥期間，控制薯仔的攝入量也還是非常必要的。

如果你經常失眠、情緒低落或者暴躁，可以嘗試在日常生活中增加攝入富含鎂的食物，或者服用鎂補充劑。

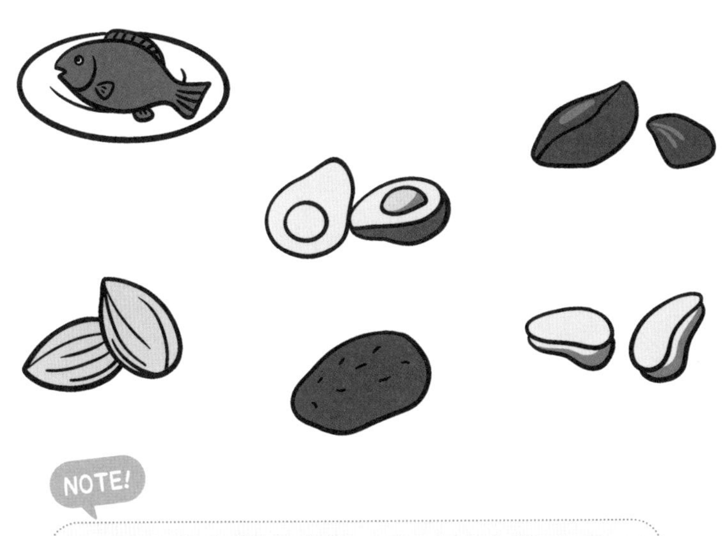

NOTE!

攝入富含鎂的食物，有助於改善睡眠

milk

法則
10
用科學知識打破
減肥停滯期

不要只關注體重，而要檢查你的身體脂肪

❶ 不受體重的擺佈

磅重是反映減肥結果的一種方式，但是，體重磅上變得越來越小的數值並不能代表你真的減肥成功了。減肥真正的目的是減少身體脂肪，而不是單純地減輕體重。身體脂肪少了，體重自然下降，但是體重下降並不一定是身體脂肪少了，決定體重的因素太多了。

體重在一天之內波動 1～4 磅是非常正常的事情，而這些波動肯定不是身體脂肪和肌肉的變化，身體脂肪和肌肉不可能在短時間內大幅度增減。在一天之內體重的波動與你吃了多少食物、喝了多少水以及排泄量等都有關係。所以，頻繁地磅重是沒有必要，就算不吃不喝服用瀉藥讓你的體重減輕，也並不代表你的身體脂肪減少了。

而且，肌肉的密度要比脂肪的密度大，相同重量的肌肉和脂肪相比，肌肉的體積更小，脂肪的體積更大。這也可以解釋為甚麼相同身高、同樣重 60 公斤的人，有的看起來苗條有形，有的看起來贅肉橫生。後者就屬於常見的體重並不重，但是看起來有些胖的隱形肥胖。而使用錯誤的減肥方法，反復地減重，不斷地反彈，就會導致肌肉減少，身體脂肪增加。例如不吃肉、只吃菜的減肥方式，使人無法攝入充足的蛋白質，因此也無法更好地生成身體所需的肌肉。而肌肉是代謝的關鍵，損失肌肉只會讓你變成越來越難瘦的體質。

另外，我們在前面講過，體重會受到激素的影響。例如，月經前後，女性身體激素水平波動較大，容易出現便秘、水腫等情況，直接影響到體重；睡眠和情緒壓力也會使激素水平發生波動，進而影響體重。

所以，減肥千萬不要只關注體重，畢竟你並不會隨時磅重給別人看，減少身體脂肪才能真正擁有好身材。減重不等於減肥！

NOTE!

減肥的真正目的是減少身體脂肪，而不是單純地減輕體重

❷ 如何科學測量身體脂肪

事實上，比磅重更好的測量方式是檢查身體脂肪。但是，我們在健身房或者用網上購買的體脂磅測量的結果並不一定準確，這是因為體脂磅的結果往往是生物電阻測量並結合公式計算出來的，誤差可能很大。不同機器之間的誤差會更大。

測量身體脂肪更好的方式有三種：測量腰圍、頸圍和用脂肪卡尺測量。

I. 測量腰圍

腰圍不僅是視覺的重心，也是衡量身體是否健康的標準。腰圍除了與皮下脂肪有關，還與內臟脂肪息息相關，腰圍與許多慢性疾病的患病風險呈正相關。測量腰圍最簡單的方法就是使用軟尺進行測量。除了測量腰圍，還可以同時測量一下臀圍，計算腰臀比。腰臀比就是腰圍／臀圍所得的數值，一般情況下，男性健康的腰臀比低於 0.9，女性則低於 0.85。

II. 測量頸圍

測量頸圍也是一個既簡單又科學的測量方式。由於頸部的粗細變化主要是由皮下脂肪決定的，所以頸圍能很好地反映身體脂肪的情況。正常情況下，女性的頸圍不應超過 34.5 釐米，男性的頸圍不應超過 38.5 釐米。

III. 用脂肪卡尺測量

十幾塊錢就可以買到脂肪卡尺，價格遠低於動輒幾百元的體脂磅。脂肪卡尺只需要在身體的腰、手臂、背部、大腿等位置夾一夾，然後記錄好數據，用來對比減肥過程中的體脂變化。從一段時間積累的數據中，你能清楚地看到自己是否減少了身體脂肪，不受身體水分、進食等影響。用脂肪卡尺測量比用一般體重磅／體脂磅測量能更好地反映你的減肥情況。

除了科學測量身體脂肪，磅重時也要注意頻率。對於理性減肥、心態較好的人來說，可以每天磅重，但要固定上磅時間。在早晨起床排便後，喝水、吃飯前，僅穿內衣進行測量會更加準確。對於體重變化會引起情緒變化的人來說，最好每週只磅 1～2 次體重，避免因為體重變化帶來心理壓力，這樣對減肥來說只會適得其反。

NOTE!

比磅體重更好的測量方式是檢查身體脂肪

九成人對減肥停滯期有誤解

❶ 真假停滯期

停滯期是每一個減肥者的「痛」：看着不再下降的體重着急，為了突破停滯期，嘗試各種極端的方法，結果不是徒勞無功就是快速反彈，最後自暴自棄，放棄減肥。事實上，在減肥的過程中，經歷停滯期是非常正常的事情。想要更科學、快速地度過停滯期，就一定要先正確認識停滯期。

停滯期的定義是，體脂下降一段時間後，出現停止下降的情況，並且持續幾周甚至幾個月的時間。實際上，進入停滯期是身體自我平衡的一種方式。三五天不減磅，或每週只減 1 公斤，都不算進入停滯期。

前面我們提到過，真正成功的減肥，體重變化絕不是直線下降的，你不可能天天減磅。正常的、健康的減肥，體重一定是波動下降的。只要總體趨勢向下，你就不需要過度擔心。很多人對減肥時期體重的變化抱有不現實的期望，那一定是會失望的。未達到預期的體重下降目標，就判定自己進入了停滯期，是不合理的。

人的個體差異很大，年齡、體重基數、性別、激素情況、活動量、基礎代謝率、情緒、健康狀態等都和減肥的速度有關係。有的人會瘦得很快，有的人則會很慢。不要拿別人的情況衡量自己的結果。

實際上，真正阻礙減肥腳步的不是停滯期，而是因為停滯期造成的心理打擊讓許多人自我懷疑和失望，從而產生逆反心理，放棄減肥，或者試圖以犧牲健康的極端方式來度過停滯期，結果往往又會進入另一個惡性循環。

正常的減肥，體重變化是波動向下的，而非直線下降

NOTE!

正確判斷是否進入停滯期

❷ 審查停滯期

要判斷自己是否正在經歷真正的停滯期，我們可以從以下 4 方面進行審視。

I. 審視身體脂肪

減肥的關鍵是減少身體脂肪，而不是單純地減輕體重。當體重變化出現停滯時，應該先檢查身體脂肪是否減少了。在使用正確減肥方式的時候，尤其在配合運動的情況下，身體的肌肉量會有所增加，而肌肉的密度比脂肪大，所以很有可能就會出現：體重雖然沒有變化，但身體脂肪在悄悄下降，也就是說，你的瘦身策略是成功的！

II. 審視飲食

事實上，很多人在減肥過程中會偶爾無意識地放縱自己，比如食了一頓韓燒、打邊爐，或者下班後不想煮飯，就直接在茶餐廳買了個乾炒牛河，或者近期飲食中多了像午餐肉、臘腸、火腿等含有精製游離糖的食物，又或者一些「健康的零食」（比如堅果）吃得過多。所以，當發現體重變化停滯時，應該檢查自己的飲食是否存在問題。

III. 審視壓力與睡眠

前面已經分析過，情緒壓力和睡眠是如何在看不見的地方讓你發胖的。很多人飲食沒有問題，還增加了運動量，但體重就是不降反增。這很可能是因為壓力增加和睡眠不好讓你的努力付諸東流。所以當你認為正在經歷停滯期時，先檢查自己是否存在情緒壓力以及睡眠方面的問題。天天磅重在一定程度上也算是一種無形的壓力。

IV. 審視生理期

對於女性，如果發現自己的體重不降或者有增長，也要看看是不是正處在月經前後激素水平波動較大的時期。特殊時期的水腫和便秘會在月經結束後慢慢消失，所以這幾天停止對體重的關注，不要給自己施加額外的壓力，靜靜等生理期結束後一切就會恢復正常。

NOTE!

審查停滯期是判斷是否真正處於停滯期的重要方式

三 科學輕斷食，輕鬆打破停滯期

1 輕斷食與節食的區別

輕斷食是幫助度過停滯期非常有效的一種方式，然而大部分人會把它與節食混為一談。輕斷食可不是簡簡單單地餓肚子。輕斷食也稱間歇性斷食，簡單地說，就是打破進食狀態，將一天或多天分為進食期和斷食期。那輕斷食和節食到底有甚麼區別呢？

第一個區別就在於，節食限制熱量，而輕斷食不限制熱量。節食是指人在很長的一段時間內都處於限制飲食、熱量攝入不足的狀態，也就是少吃。長時間的熱量攝入不足會導致基礎代謝率下降、月經紊亂、乏力、掉頭發、睡眠質量下降、進食障礙等健康問題。而輕斷食則是指在斷食期內不攝入熱量，在進食期內熱量攝入是足夠的。它不僅不會影響身體代謝，反而會有助於刺激身體生長激素的分泌，燃燒脂肪。

第二區別在於進食頻率。節食，由於限制熱量的攝入，往往使人處在強烈的飢餓感狀態下，很容易出現少食多餐的情況——頓頓吃不飽，餓了只敢吃一點東西。而正是這樣高頻率地進食，讓身體在本不該消化東西的時候工作，不僅會中斷 MMC（胃腸移行性複合運動），破壞細胞自噬機制，還會在一天當中使肥胖激素胰島素頻繁波動，減少燃燒脂肪的時間，導致人的進食欲望更強烈，強烈的進食欲望必然引發暴飲暴食。而輕斷食，因為不限制熱量的攝入，身體所需供給充足，在斷食期內並不會有強烈的飢餓感。簡單地說，節食是只吃一口，而輕斷食則是在特定時間內一口不吃。

第三個區別在於，節食會損失掉對身體代謝十分重要的肌肉，而輕斷食則會保存肌肉。二〇一三年一項發表在《英國營養學雜誌》上的研究，專門對節食和輕斷食的減肥效果做了對比。節食組受試者每天減少攝入 25% 的熱量，輕斷食組則是一周斷食兩天，總熱量減少 25%。3 個月後，輕斷食組受試者比節食組減掉了更多的身體脂肪，減肥效果更好。同時，輕斷食組受試者的胰島素抵抗也得到了很好的緩解。

已經有許多研究顯示，間歇性的輕斷食能幫助我們調整血糖、血脂、胰島素抵抗和炎症，並改善代謝綜合征，刺激分泌生長激素，提升專注力和記憶力。所以相比節食來説，輕斷食更有利於減肥。

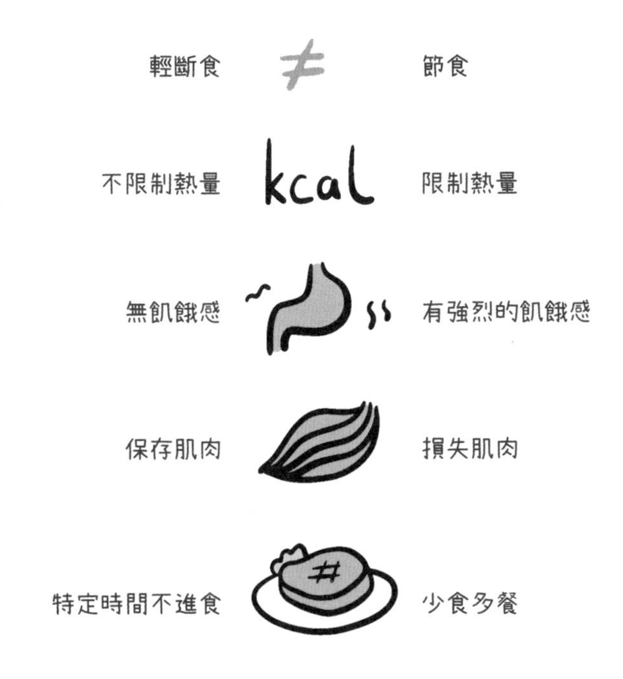

❷ 輕斷食的方法

輕斷食非常簡單，就是在一段時間內不吃東西。事實上，你吃過晚餐後，到第二天早餐前的這段時間不吃任何東西，也算是輕斷食。

根據斷食的時間長短，我給大家推薦 3 種入門級別的輕斷食，分別是 12 小時斷食法、16 小時斷食法和 20 小時斷食法。

I. 12 小時斷食法

這是最簡單也是最接近平常一日三餐的斷食法，只要不吃宵夜，在 12 小時內解決一日三餐即可。也就是說，早上 8 點吃早餐，晚上 8 點前結束晚餐。這樣的話，一天中就有 12 小時身體處於消耗脂肪的狀態。實際上，12 小時斷食法並不算是一種嚴格意義上的斷食方案，但它卻適用於每一個減肥的人。在減肥期間，最好遵循 12 小時斷食法。

II. 16 小時斷食法

這是指將斷食期控制在 16 小時內，而剩下的 8 小時不限制進食，但要吃得健康，避免攝入前面講到的發胖食物。用簡單的話來總結，就是一日兩餐，早上 10 點來個早午餐，晚上 6 點前結束晚餐。這樣一天當中就有 16 小時身體處於燃燒脂肪的狀態。16 小時斷食法的優勢在於：簡單，適合剛開始斷食的新手。一周建議嘗試 2～3 次 16 小時斷食法。

III. 20 小時斷食法

即一天中有 4 小時的進食「窗口」，20 小時的斷食時間，相當於一天的飲食要在 4 小時內解決，期間攝入充足的營養和熱量，也可以簡

單地理解為一日一餐。對於有斷食經驗的人來説，一周嘗試 2 次 20 小時斷食法是度過停滯期、有利於減肥的很好的選擇。而對於斷食新手來説，我建議從最簡單的斷食法開始嘗試，逐漸適應。

斷食期內不要吃任何食物，只能喝礦泉水、純淨水、黑咖啡、綠茶、紅茶、檸檬水。對於斷食新手來説，也可以喝些大骨湯來補充礦物質，緩解斷食初期的不適應。

這 3 種輕斷食的方法可以幫你輕鬆打破停滯期，收穫健康益處！

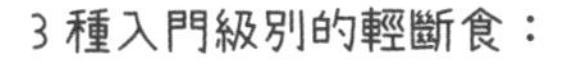

進食時間控制在 12 小時內

進食時間控制在 8 小時內

進食時間控制在 4 小時內

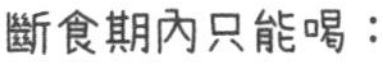

NOTE!

輕斷食可以從最簡單的開始，然後循序漸進

後記

相信你已經通過這本書找到了你想要的答案！

西方有句諺語：You are what you eat（人如其食）。你選擇的食物不僅影響着你的健康、身材，還影響着你的心情和狀態。減肥成敗的最關鍵因素也正是飲食。

在現代便利的生活中，食物變得唾手可及，任何地方的美食和各種零食都能輕鬆得到。但恰恰是這樣的便利，讓人喪失了判斷能力。網絡、電視、超市、雜誌等渠道都在絞盡腦汁地讓消費者沉浸在大量加工食品的誘惑中，這些食品被宣傳得既美味又營養，吸引着大批消費者蜂擁而至，而其中絕大多數人都無法對這些加工食品的信息進行正確的判斷。

那麼，了解身體運行的機制和正確地選擇食物就顯得尤為重要了。減肥不是抵制食物，而是選擇「對的」食物並與它合作，在享受真正美味的同時收穫健康、好身材和好心情。

減肥的英文單詞 Diet 由希臘語演變而來，原意為「生活方式」，指的是通過改善飲食等生活方式來擁有好的身材，而非限制飲食。你吃下去的食物是你的選擇，同樣，你的身材也是你的選擇。如果不能了解自己吃下去的食物以及身體的運作機制，又何談成功獲得理想的身材呢？

減肥其實並不難，它只是一種生活方式的正確選擇，而不是一味地在錯誤的道路上努力奮鬥。

我正是想通過這本書，分享多年來積累的營養學小知識和輔導學員的經驗，來提升更多人對食物和減肥的認知，從而幫助他們做出正確的選擇。

改善飲食，無論是要健康還是要減肥，都是必經之路，希望看過這本書的小夥伴，能通過這 10 個法則 101 個瘦身技巧，真正了解碳水化合物、蛋白質、脂肪和身體的關係，以及食物當中的其他營養素和日常生活習慣是如何作用於身體的，最終實現不節食、不運動就能輕鬆瘦的願望。

我相信，當你真正掌握這 10 個法則，你一定能輕鬆擁有更健康、美麗和自信的自己。希望這本書能帶給你不一樣的人生！

掌握了正確的方法，
「減肥事業」就能事半功倍！
你學懂了輕鬆減肥的方法了嗎？

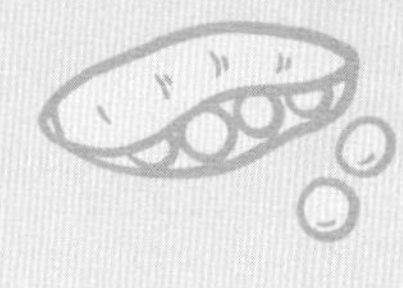

後面還有食材營養手冊，

進食前要謹記有哪些食材是好吃又有營養的！

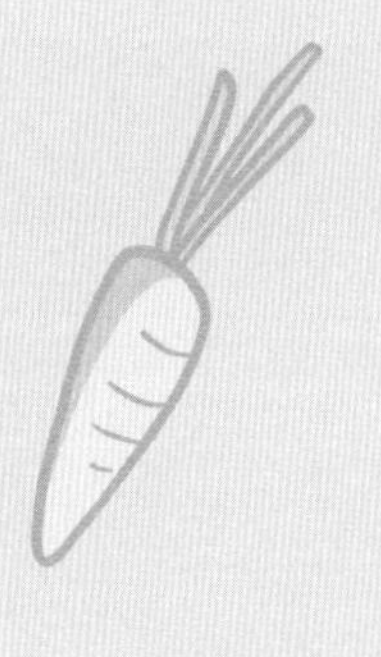
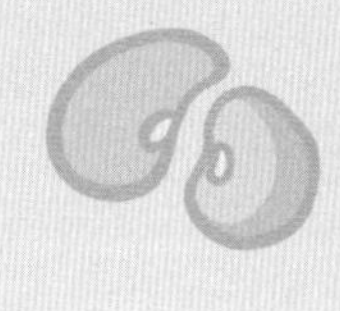
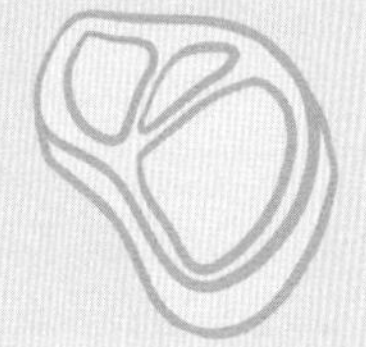

圖解

非奮鬥減肥十大法則

田珂 著

責任編輯　朱嘉敏
裝幀設計　劉婉婷
排　　版　陳先英
印　　務　劉漢舉

出版
非凡出版
香港北角英皇道 499 號北角工業大廈 1 樓 B
電話：（852）2137 2338　傳真：（852）2713 8202
電子郵件：info@chunghwabook.com.hk
網址：http://www.chunghwabook.com.hk

發行
香港聯合書刊物流有限公司
香港新界荃灣德士古道 220-248 號
荃灣工業中心 16 樓
電話：（852）2150 2100　傳真：（852）2407 3062
電子郵件：info@suplogistics.com.hk

印刷
美雅印刷製本有限公司
香港觀塘榮業街 6 號海濱工業大廈 4 樓 A 室

版次
2021 年 4 月初版

規格
正 16 開（220mm X 160mm）

ISBN
978-988-8758-36-4